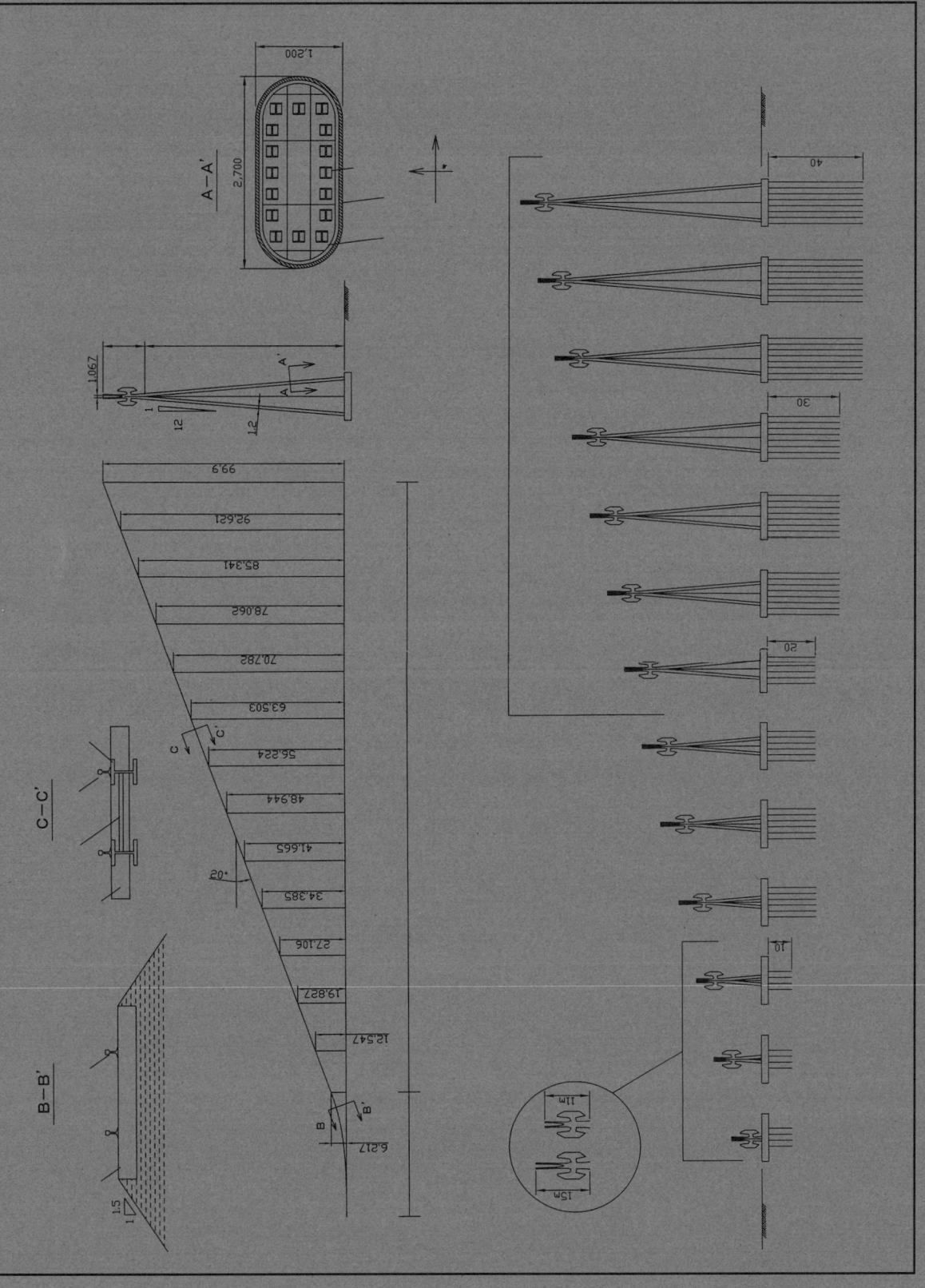

은하철도999 우주레일을 건설하라!

공상과학 현실화 프로젝트 02

은하철도999
우주레일을
건설하라!

마에다건설 판타지 영업부 著

STUDIO
BORN·FREE

🩺 들어가는 말

"저희 회사에선 인터넷 공식 사이트에서 '판타지 영업부'라는 연재기획을 진행 중입니다. TV나 만화에 나오는 공상의 구조물을 실제로 설계해서 견적까지 뽑아보자는 기획입니다만, 오늘은 저희들로선 도저히 기술적으로 알 수 없는 부분에 대해 여쭤보기 위해 왔습니다."

이렇게 운을 뗀 후 애니메이션 화상, 설정자료의 그림을 늘어놓고 다른 회사의 전문가들과 뜨거운 논의를 벌였습니다.

당초 이 기획은 제네콘(종합건설회사)의 고정된 이미지를 어떻게든 바꿔보자, 그리고 건설회사의 기술을 어필해보자는 목적으로 시작했습니다. 그러나 검토해가는 과정에서 당사의 힘만으론 도저히 커버할 수 없는 부분이 나왔기에 다른 업계 전문가들의 도움을 받으며 진행하게 되었습니다. 그 후로 '다른 업종을 연결하는 재미'라는 새로운 전개가 점차 보이기 시작했는데, 마침 그 전환기에 이 〈은하철도999〉편이 탄생되었습니다. 그래서 이 책에는 그 양쪽의 특징이 포함되어 있습니다.

자문을 해주신 분들 입장에서는 엉뚱하기만 할 뿐 사업으로 이익이 돌아오는 것도 아니므로 그저 뻔뻔한 상담이었을 겁니다. 다행히 '재미만 있지 아무런 도움도 안 되는 일을 하고 계시는군요'라며 딱 잘라 거절하신 분은 안 계셨지만요(그저 대놓고 말씀하시기 곤란했던 것일지도 모르지만). 고마운 일입니다. 오히려 저희가 황송할 정도의 열의로 문제 해결에 귀중한 지식과 경험을 아낌없이 제공해주신 것에 대해 어떻게 감사를 드려야 할지 모르겠습니다. 그 덕분에 보다 폭 넓고 리얼한 검토를 할 수 있었습니다.

그리고 물론 건설이라는 일 자체의 매력도 충분히 불어 넣었다고 생각합니다. 저희들이 구체적으로 어떤 일을 하고 있고, 어떻게 지혜를 짜내고 있는지

하는 것들 말이죠. 여하튼 사내 전문가들에게 의견을 청취한 횟수가 전작을 훨씬 넘을 만큼, 마에다건설의 총력을 결집해서 이 어려운 프로젝트에 착수했습니다. 이번 테마가 된 발차대는 현대의 건설기술로는 조금 과도한 것이었기에 종종 벽에 부딪치곤 했습니다만, 이번 달에 그 과제가 해결되지 않으면 다음 달로 미루고 그 동안 해결책을 찾는, 그런 일을 반복하면서 많은 분들의 도움을 얻어 간신히 끝까지 완수해낼 수 있었습니다.

여하튼 이번에 이 〈은하철도999〉편을 서적이라는 형태로 낼 수 있게 되어 기쁘기 그지없습니다. 새삼 당시를 돌이켜보며 Web판에선 설명이 부족했던 부분을 추가하거나 결론에 이르는 흐름을 정리하기도 했지요. 특히 PC 화면에선 스크롤의 압박으로 읽기 힘든 면이 있었는데, 서적에선 그런 문제가 없기에 읽기 쉬울 거라 생각합니다. 지금까지 이상으로 많은 분들이 읽고 즐겨주신다면 기쁘겠습니다.

끝으로, 이 책은 전작에 이어 한국어판도 발간됩니다. 하나의 꿈을 향해 노력하는 마음은 반드시 여러 사람들의 마음을 움직일 수 있을 거라는 당시의 막연했던 가설은 언어의 벽까지 뛰어넘어 서로의 프로페셔널한 면을 융합시킬 수 있다는 확신으로 부풀기 시작했습니다. 일본뿐만 아니라 한국과 다른 나라의 기술자들의 혼에 불이 붙는다면 지구 규모의 건설도 가능할 겁니다. 궤도 엘리베이터, 지저(地底) 특급, 해상도시…… 그것들을 실현하는 것은 지상 최강의 프로페셔널 집단이니까요.

그리고 그 일원이 되는 것은 지금 이 책을 읽고 계신 여러분일지도 모릅니다.

2008년 7월
마에다건설 판타지 영업부 일동 드림

Contents

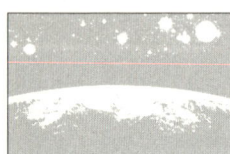
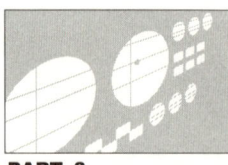

Contents

PART. 10

궁지에 몰린 판타지 영업부

EPILOGUE

에필로그 ... 219

후기

프롤로그

PROLOGUE

내 이름은 A부장.

마에다건설이라는 종합건설회사에 근무하고 있다. 이른바 제네콘(종합건설회사)의 토목 엔지니어로 대규모 건설 프로젝트에 참여한 지 어언 30년이 지났는데, 지금 내가 맡고 있는 일은 세간에서 일반적으로 생각하는 제네콘의 일과는 비슷하지 않은 듯하면서도 비슷하다. 어찌됐건 단순하지 않은 것이다. 회사 창립 60년 이래의 첫 특명 업무라 불리는 이 일을 자세히 설명하자면 길어지지만, 이런 화창한 아침에 아메리카노를 마시며 듣기엔 좋은 이야기일지도 모른다. 물론 커피건 이 이야기건 그리 달콤하진 않지만.

B주임 🍄 부장님, 좋은 아침입니다. 아까부터 신문을 읽으시면서 뭘 중얼거리고 계신지?

방금 출근한 그는 B주임. 나와 마찬가지로 작년부터 이 부서에 배속되었다. 그간 계속 토목 부문에서만 일해왔던 그에게 이번 일은 너무도 엉뚱하고 힘든 일로 보일 것이다. 그러나 그는 지금까지 놀랄 정도의 순응력으로 대응해오고 있다. 게다가 **아프로**(afro) 🖋 헤어 스타일이다.

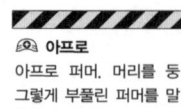

🖋 **아프로**
아프로 퍼머. 머리를 둥그렇게 부풀린 퍼머를 말합니다.

B주임 🙂 그거, 칭찬인가요?

이야기를 되돌려서 우리들의 일에 대해 설명하도록 하겠다. 결론부터 미리 말하자면, 공상세계의 건조물을 수주하는 것이다. 그쪽 세계에는 우리 세계에서는 상상도 할 수 없을 만큼 거대한 프로젝트가 수북이 쌓여 있다. 게다가 다들 무지무지하게 어려운 난공사들이다. 각종 기지와 대형 격납고, 초고속 이동 교통망과 기묘한 형태의 고층 건물들이 지하, 수중, 공중을 가리지 않고 건조되어 있다. 그쪽 세계는 그런 곳이다. 그리고 누가 이름 붙였는지는 모르지만, 그런 일을 검토하고 견적을 뽑는 등의 영업 활동을 하는 우리들을 다들 판타지 영업부라 부른다.

C주임 😄 좋은 아침입니다. 아, 부장님, 이 책상에 있는 자료는 오늘 내로 끝낼게요.

그는 C주임. 우리 멤버 중에선 유일하게 건축 부문 출신이다. 책상은 지저분하지만 데이터 수집과 분석 능력은 타의 추종을 불허한다. 업무 내용과는 관계없이 언제나 헬멧을 쓰고 있다. 본인 이야기로는 자코비니 유성군이 온 해에 태어났기에 혜성에 맞지 않도록 부모가 씌워주었다고 하는데, 계산이 안 맞는다.

C주임 B주임, 부장님이 지금 무슨 말씀을 하고 계신 거죠?

B주임 글쎄, 아까부터 계속 저러시네.

C주임 아, 이런. 책상에까지 책이 무너져내렸잖아.

앗, 그곳은 공상세계 대화장치가 있는 책상이잖아! 요즘 어째 안 보인다 했더니 그런 곳에 묻혀 있었던 모양이다. 공상세계의 일감을 어떻게 수주하느냐 하면, 우선 우리 고객은 이 기계를 통해 의뢰를 해온다. 외형은 평범한 구식 전화기지만 내부는 소형 정밀기계로 가득차 있어서 그런 마법 같은 기능이 가능한 것이다. 어떤 원리인지는 나도 전혀 모르지만, 한 가지 확실한 건 이 기계가 당사에서 발명된 것이 이 판타지 영업부의 시작이었다는 것이다. 외형이 복고풍인 탓인지 지금까지는 조금 옛날 발주처에서 걸려오는 일이 많다. 지난번엔 1970년대의 광자력 연구소라는 기관의 소장이 일을 의뢰해왔었다. 한 번 이쪽에 연락해온 상대에겐 이쪽에서도 연락할 수 있게 되는 모양으로, 어디 사는 누구하고나 연락할 수 있는 것은 아닌 듯하다. 누군가와 연락하고 싶어서 근질근질해 했던 젊은 부하들은 그 사실에 실망했다. 그러나 낙담한 것은 그들뿐만이 아니다. 사실 나도 한번 이야기를 나눠보고 싶었던 공상세계의 인물이 몇 명 있었던 것이다. 그러나 그러려면 언젠가 그쪽에서 연락해오기를 바랄 수밖에 없는 듯하다. 아니, 그 이전에, 시대극에는 전화가 등장하지 않으므로 이 기계로 연락할 수 있을지 어떨지부터가 문제지만.

D직원 👦 우왓! 죄송합니다. 지각인가요?

마지막으로 들어온 그는 D직원. 이 별난 집단이 설립되었을 때 신입사원 신분으로 덜컥 일원에 가담하여 무슨 일이든 겁내지 않고 부딪치고 있다. 세대적으로 조금 어린 감이 있지만 옛날 일에 대해선 잘 알고 있다. 가령 아까 언급한 첫 번째 물건이었던 '마징가Z 오수처리장형 지하격납고' 등은 그에게 있어선 그저 지식상의 이야기에 불과했다. 그의 세대에서 로봇이라면 우선 거대하고, 사람이 탑승하여 조종하는 것이 당연한 것으로 인식되고 있다. 우리들은 로봇이라면 외부에서 리모컨으로 조작하는 철인28호나 자율적으로 움직이는 철완 아톰의 이미지를 가지고 자랐기에 미래가 다가오고 있다는 실감이 있지만, 그들이 그들 세대의 꿈을 실현하는 것은 아직 먼 이야기일지도 모른다. 이

처럼 신세대인 그가 어느 건설회사에나 이러한 공상세
계 대화장치와 판타지 영업부가 있고 이러한 일을 하
고 있는 것으로 오해를 하지나 않을지, 상사로선 그게
가장 걱정이다.

B주임 🙂 지각했으니 벌금 100만 엔이야.

D직원 🙂 아슬아슬하게 세이프였어요.

C주임 😡 D군, 오늘 조례 담당 아니었어?

D직원 🙂 우왓, 그러고 보니!

B주임 🙂 부장님, 서두르지 않으면 지각이에요.

내 이야기도 여기까지인 듯하다. 자, 오늘도 판타지한
하루가 시작된다.
우리들의 존재가 현실인지 가공인지, 그것은 여러분
의 판단에 맡기기로 하겠다. 참고로 마에다건설은 실
존한다.

PART.1

은하철도에 걸어보자

1 Project O2 시동

판타지 영업부, 월요일 아침. A부장, B주임, D직원이
잇따라 출근. C주임은 이미 책상에 앉아 있다.

A부장 😊 좋은 아침이야.

B주임 😊 좋은 아침이에요.

D직원 😊 좋은 아침입니다. C주임이 1등이라니 별일이네요.

C주임 😎 좋은 아침이야. 어제 모니터 작업이 무사히 끝났는지
체크하고 있어.

D직원 😊 아, 공상세계 대화장치를 화상전화로 바꾼다는 그거
말인가요? 확 진보했네요.

B주임 😊 이로써 누군가가 유미 교수를 보야키로 오인할 걱정은
없어진 셈이군.

D직원 😊 ……죄송합니다.

C주임 😎 뭐, 우리 고객은 목소리가 헷갈릴 경우가 많으니 말이
야. 이젠 상대의 얼굴이 보이니까 문제없어.

B주임 😊 그래. 이제 **카부토 코우지가 연락을 해와도 성룡과 혼
동할 걱정은 없는 셈이지**🔖.

C주임 😎 성룡은 실존 인물이니 공상세계 대화장치에 연락할 일
은 없지 않나요?

B주임 😊 이런, C군. 내가 모처럼 지식을 피로했거늘, 그걸 꼬집

> 🔖 **카부토 코우지가 연
> 락을 해와도 성룡과 혼동
> 할 걱정은 없는 셈이지**
> 성룡의 일본어 더빙은 카
> 부토 코우지 역의 이시마
> 루 히로야 씨가 맡고 있
> 습니다. 〈마징가Z〉편에서
> 언급한 유미 교수와 보야
> 키도 같은 경우죠.

다니.

따르르릉, 따르르르릉······.

C주임 👮 오, 말하기가 무섭게 연락이 왔어요!

B주임 👧 전화벨 소리는 옛날 그대로구먼!

D직원 🧒 예! 여보세요? 마에다건설 판타지 영업부입니다.

C주임 👮 묘하네. 모처럼 화상전화인데 아무것도 안 보여.

B주임 👧 정말. 고장났나? 때려볼까?

A부장 👨 아니, 화면이 어슴푸레 파란색을 띠기 시작했어. 점점 빛 알갱이가 늘어나고 있는 게······ 별 같군. 소용돌이 치기 시작했어. 성운? ······이건 설마!

수수께끼의 목소리 여긴 은하철도 주식회사 건설국의 메인 컴퓨터. 판타 지 영업부, 들립니까?

D직원 🧒 예? 예. 드, 들립니다.

B주임 👧 ······컴퓨터가 회선에 직접 연결했으니 얼굴이 안 보이 는 게 당연하잖아!

영업 정보 속보

입수일	2003.10.17
지점명	본점 판타지 영업부 담당자 : A부장
발주자	은하철도 주식회사 건설국
고객 구분	민간 업종 : 운송업 여객철도
공사명	(가칭) 메가로폴리스 중앙 스테이션 은하철도999호 발착용 발차대(기초 및 상하부) 공사
공사 장소	메가로폴리스
비고	은하철도 주식회사 부지 내
공종	교각 상하부공
설계자	마에다건설공업(주)
입찰구분	일반경쟁 총합평가방식
신기술	종 RC 프리캐스트 공법 등의 적용을 검토

전원   만세! 만세!

A부장 아~ 다들 진정들 하라고. 여하튼 판타지 영업부의 제2차 물건은 은하초특급999호가 지구에서 발차하는 발차대로 결정되었습니다!

D직원 중간에 끊기는 유명한 그거 말이군요. 철이가 "앗, 레일이 없네!"라고 외치죠.

C주임 제1탄의 성과 덕분에 서서히 공상세계에서도 우리들의 지명도가 높아지고 있는 것 같군요.

A부장 하지만 내 감으론 지난 번보다 오히려 힘든 안건이 될 것 같으니 다들 마음 단단히 먹도록 해.

B주임 물론입니다, 부장님! 이번엔 판타지 영업부가 아니라 '이터널' 판타지 영업부니까요. 미래를 잘 부탁드립니다!

D직원 극장판 3편을 안 보면 그 말의 의미는 아무도 몰라요. 그나저나 이번엔 묘하게 의욕이 넘치시네요, B주임?

하지만 이후로 예상 밖의 곤란한 스펙(spec : 명세 사항, 세목, 내역)에 처음부터 고전하게 될 것이라는 사실은 생각지도 못한 판타지 영업부원들이었다. 이런 분위기에서 견적을 뽑아낼 수 있을는지?

지금, 만감이 교차하는 마음을 싣고 기차가 떠난다.

그래, 바로 이 다리! (TV판 1화에서 발췌)

은하철도999
마츠모토 레이지 선생의 대표작 중 하나. 만화로 히트한 후 TV 애니메이션, 극장판 애니메이션으로 폭 넓게 전개되었다. 주요 작품은 다음과 같다.
TV 시리즈 〈은하철도999〉 1978년 9월~1981년 3월. 전 113화
극장판 〈은하철도999〉 1979년 8월 개봉
극장판 〈안녕, 은하철도999-안드로메다 종착역〉 1981년 8월 개봉
극장판 〈은하철도999-이터널 판타지〉 1998년 3월 개봉
서기 2221년, 기계 몸을 가진 사람들이 지배하는 세계를 무대로 지구인 소년 철이(원작명 : 호시노 테츠로)가 수수께끼의 미녀 메텔과 함께 은하철도999(쓰리 나인)호를 타고 기계 몸을 공짜로 주는 별로 떠나는 이야기. '영원한 생명'을 테마로 여러 가지 고민과 매력을 가진 사람들과 접하면서 한 소년이 성장해가는 모습을 그린 작품.

PART.2

미래에 남기는 선물

■1 그때 그 명장면

판타지 영업부. A부장, B주임, C주임, D직원. 회의 중.

B주임 ⚆ 후우~~~.

D직원 ⚆ (작은 목소리로) B주임, 웬일로 저렇게 아련한 눈을…… 무슨 일 있었습니까?

C주임 ⚆ (작은 목소리로) 이번 기회에 무슨 일이 있어도 공상세계 대화장치로 메텔과 이야기를 나누고 싶은 모양이야.

D직원 ⚆ 기분은 이해하지만, 선로를 메텔이 만든 것도 아닌데.

C주임 ⚆ 그야 그렇지만, 전부터 팬 이상의 애정을 불태우던 B주임이니 말이야.

D직원 ⚆ (의심스럽다는 듯) 그랬나요?

C주임 ⚆ (곁눈질로 B주임을 보면서) 결혼을 꿈꾸었던 모양이야.

B주임의 첫사랑 메텔(하지만 B주임의 사모님은 둥그스름한 얼굴). 극장판 2편 〈안녕, 은하철도999〉에서 발췌

D직원 👦 아무리 여신 같은 메텔이라도 허용범위라는 게 있
　　　　는데!

B주임 👲 너희들, 아까부터 다 들린다고. 그리고 첫사랑은 동창
　　　　회에서 만나지 않는 게 좋은 법이야.

C주임 👮 아, 억지로 자신을 납득시켰다.

D직원 👦 그건 세월이 지나면 나이를 먹는 이쪽 세계에 한정된
　　　　이야기잖아요. 상대는 시간을 여행하는 여자인데.

A부장 👴 자, 당장 해야 할 일이 산더미같이 있으니까 그쯤 해
　　　　둬. 비디오 자료를 보면서 지난 번과 마찬가지로 필요
　　　　한 세세한 조건, 품질에 관해 결정하도록 하지.

D직원 👦 영상만으로도 여러 가지네요. TV판, 극장판, 극장판 2
　　　　편……. 전 TV판밖에 본 적이 없는데.

[현재 입수 가능한 코믹스]
●〈은하철도999〉쇼넨가호샤 문고
전 12권 / 각 620엔 / 쇼넨가호샤
●신장정판 〈은하철도999〉 빅코믹스 골드
1~21권 (이하 속간) / 각 580엔 / 쇼가쿠칸

[현재 입수 가능한 애니메이션 DVD]
●TV판 〈은하철도999 COMPLETE DVD-BOX〉
전 6권 / 각 26,040엔(1권만 20,790엔)
/ 토에이애니메이션, 에이벡스
●TV시리즈 염가판 〈은하철도999 TV Animation〉
전 29권 / 각 3,990엔 / 에이벡스
●극장판 제1편 〈은하철도999〉
4,725엔 / 토에이비디오

●극장판 제2편 〈안녕, 은하철도999-안드로메다 종착역〉
4,725엔 / 토에이비디오
●극장판 제3편 〈은하철도999-이터널 판타지〉
4,725엔 / 토에이비디오

[번외편]
●OVA 〈메텔 리전드 교향시 숙명〉
4,935엔 / 에이벡스
●TV판 〈우주교향시(Space Symphony) 메텔-은하철도
999 외전〉
전 6권 / 각 4,935엔(6권만 5,985엔) / 에이벡스

※가격은 모두 부가세 포함.

B주임 세대차이려나. 우리 학교에선 극장판을 안 본 사람이
거의 없었는데.

C주임 맞아. 부모님을 따라간 게 아니라 친구들끼리 보러 간
첫 영화였지.

A부장 어찌됐건 보도록 할까.

비디오 감상 중. 잠시 기다려주십시오.

B주임 우우~ 눈물이 나올 것 같아.

D직원 (히죽거리면서) 조건이 너무 빡세서 말인가요?

B주임 ……의외로 성질이 고약하네.

C주임 역시 각 작품마다 차이가 있네요. 어느 것을 기본으로
할지 말인데요, 우선 〈이터널 판타지〉는 지구의 발차
용 선로가 안 나오니까 제외해도 되겠죠.

D직원 철이가 공중을 달리는 999호에 매달렸던가요?

C주임 그대로 정차하지 않고 우주로 날아가 버렸으니 참고가
될 만한 부분은 등장하지 않습니다. 다른 별은 중력과
기후 조건이 다를 테니 별로 참고가 안 되고요.

D직원 극장판 2편인 〈안녕, 은하철도999〉는요?

B주임 (코를 풀면서) 그건 망가진 모습밖에 안 나왔잖아. TV
판 1화 '출발의 발라드'는 탈 때까지의 상황에 중점이
두어져서 탄 후엔 한순간이었고. 극장판 1편이 가장 참

고가 되지 않겠어?

D직원   TV판의 출발 신이 그렇게 짧을 줄은 몰랐네요. 발차할 때의 선로 신이 인상에 강하게 남아 있는데……. 극장 판은 아까도 말했다시피 안 봤는데, 어째서일까요?

B주임   오프닝 곡에 매번 선로 화면이 나와서 그런 거 아냐?

D직원   아, 맞다! 그러네요!

A부장   그렇다면 TV판의 그 장면을 제외하는 건 생각할 수 없다는 말이군.

C주임   그럼 극장판 1편을 메인으로 스펙을 결정하도록 하죠. 부족한 부분은 극장판 2편과 TV판에서 보완하기로 하고요. 그리고 TV판과 극장판 1편은 메가로폴리스의 역사가 완전히 딴판인데, 그건 어떻게 하죠?

A부장   이번에 발주를 맡은 것은 발차대뿐이니까 그건 생각 안 해도 될 거야.

C주임   구체적으론요?

A부장   〈안녕, 은하철도999〉에서 할아버지가 시점을 전환한 부분부터.

D직원   팔티잔 노인의 말대로 굴착을 개시했더니 정말 '붉은 피가 흘러나오는' 사태가 벌어지면 어떻게 할까요?

붉은 피가 흘러나오는 극장판 2편 〈안녕, 은하철도999〉에서 팔티잔 노인이 몸을 던져 999를 발차시켰을 때 마지막에 남긴 대사 "언젠가 네가 돌아와서 지구를 되찾았을 때, 땅을 파보면 우리들의 붉은 피 흘러나올 거다. 이건 우리들의 별이란다. 그 붉은 피를 볼 때까지 죽지 말거라"에서 따온 말. 이 작품에서 가장 감동적인 장면.

TV판(위)은 복고풍이지만 극장판 1편(아래)은 미래풍의 역사입니다

2 기능 · 발사 장치?

C주임 ☺ 그럼 다음은 어떤 기능이 필요할까 하는 건데요.

B주임 ☺ 미래가 배경이니 상승에 **리니어 모터**(linear motor)
정도는 써도 이상하지 않겠지.

A부장 ☺ 차륜이 달려 있으면서도 추진력으로 리니어를 쓰는 사
례는 이미 지하철에도 있고 말이야. 도쿄시에서 운영
하는 지하철 오에도센처럼.

D직원 ☺ 저기~ 리니어 모터라고 하니까 생각났는데요, 리니어
를 쓴다고 하면 형상적으로도 굉장히 비슷하니 '매스
드라이버'로 만들 수 있을지도 모르겠네요.

B주임 ☺ 매스드? (C주임의 얼굴을 보며) 그게 뭐지?

C주임 ☺ '매스'에서 끊으세요. SF 세계에 등장하는 우주선 발사
대를 말하는데, 확실히 형태 자체는 이번 선로와 비슷
하긴 하지만 주행로에 리니어 모터 코일이 부착되어
있어서 물체를 전자기력으로 가속시켜 우주로 발사시
키는 장치이죠.

B주임 ☺ 그거, 대단한 건가?

C주임 ☺ 우주로 발사해서 떨어지지 않도록 하려면 제1우주속도
(약 7.9km/초), 그리고 지구의 중력권에서 이탈하려면
제2우주속도(약 11.2km/초)라 불리는 굉장한 속도를
내야 합니다. 그렇지 않으면 원심력이 지구 중력을 이

> **🔧 리니어 모터**
> 자석의 N극과 S극이 서
> 로 끌어당기는 힘으로 차
> 체를 끌어당겨 가속시키
> 는 추진방법. 그리고 자
> 력으로 차체를 부상시키
> 면 지면과의 마찰이 감소
> 하므로 초고속으로 움직
> 일 수 있게 됩니다. JR
> 토카이에서 연구 개발 중
> 인 리니어 모터가 유명합
> 니다.

기지 못하니까요. 로켓은 적재한 연료 자체가 무거워서 가속효율이 굉장히 떨어지는데, 고로 외부에서 힘을 가해 가속시키는 장치가 있다면 좀 더 무거운 물체를 우주로 발사시킬 수 있겠다 하는 발상인 거죠. 그래서 **매스**[주] 드라이버라는 이름이 붙은 겁니다.

D직원 : 세간에 유명해진 것은 건담 시리즈에 나온 후부터지만요. 하지만 〈V건담〉[주] 시기에서조차 '전 인류의 보물'로 불릴 정도니까 실제로 만들려고 하면…….

B주임 : 뭣? 그럼 지금의 항공우주기술로는 무리란 말이잖아.

C주임 : 참고로 태양계에서 이탈하는데 필요한 **제3우주속도**[주]라는 것도 있는데, 999호의 경우엔 화성이나 타이탄 등 태양계의 다른 별에도 정차하니 그건 고려 안 해도 되겠죠.

A부장 : 그래서 이번 999호의 발차 레일은 그 리니어 모터 구동을 적재해야 한다는 건가?

C주임 : 아니, 그건 관두죠. 여하튼 매스 드라이버는 맹렬하게 가속시키는 것이 목적인 장치이니 그걸 장착했다간 출발할 때 철이와 메텔이 정취 있게 대화를 나눌 틈도 없고, 하물며 차창 밖으로 얼굴을 내밀고 "레일이 없네!"라고 말하는 건 아주 불가능하니까요.

B주임 : 그 아이는 우주에서도 창밖으로 얼굴을 내밀더구먼.

A부장 : 나도 매스 드라이버 채택에는 반대야. 역시 정취 있는

매스(mass)
다수, 다량, 질량을 뜻함.

V건담
지구상의 매스 드라이버는 〈V건담〉 말고도 〈X건담〉 〈V건담〉 〈건담 SEED〉 등에도 등장합니다.

제3우주속도
제2우주속도로 지구의 중력에서 해방된 후엔, 질량이 지구의 약 33만 배에 달하는 태양의 중력에 이끌려 이번엔 태양을 중심으로 궤도를 돌기 시작하는데, 거기서 벗어나기 위해 필요한 속도가 제3우주속도(약 16.7km/초)입니다. 999호는 도중에 화성 등에 정차하기도 하므로 지구를 떠날 때 제3우주속도까지 가속할 필요는 없다고 생각됩니다.

출발도 발주자의 요구품질이라 보아야 하겠지. 그런데 극장판 1편의 라스트신을 보면 레일이 미묘한 곡선을 그리고 있던데.

D직원 🙂 뭔가요? 그게.

A부장 😎 증기기관차 같은 옛날 열차는 힘이 약하거나 차륜과 레일의 점착력이 부족할 경우 오르막길에서 한 번 멈추면 다시 발차하지 못하는 일이 허다했어. 그래서 비탈에 역을 만들 경우엔 일부러 **중간에 평평한 곳**🔍을 만들었는데, 이것도 그런 것 아닐까 해서 말이야. 각도는 엄청 급하지만.

🔍 **중간에 평평한 곳**
비탈을 완만하게 하거나 열차가 달리는 방향을 앞뒤로 반전하면서 지그재그로 오르는 곳(스위치백 : JR 시코쿠 도산센 신역사 등)을 설치합니다.

D직원 🙂 그렇군요. 하지만 결국 999호는 자력으로 나니까 그런 선로는 필요 없지 않나요? 다른 별에선 사뿐히 정차하기도 하고.

C주임 👮 다른 별 이야기를 시작하자면 끝이 없어. 조건이 너무 다르니까.

B주임 🙂 그래도 〈안녕, 은하철도999〉를 봤을 때 지구의 선로가 999호가 지날 때의 무게로 망가진 걸 보면 하중이 걸리긴 하는 모양이야. 자력으로 나는 것은 아주 맨 끝 단계 아닐까?

C주임 👮 맞다. 망가질 때 철근이 튕겨나간 걸 보면 철근콘크리트로 만들어진 게 분명해요! 어렸을 때 영화관에서 보고 그렇게 생각하기도 했고.

극장판 1편의 마지막 장면에서 발췌

D직원 어렸을 때 잘도 그런 걸 보았네요.

C주임 극장에서 2회 연속으로 봤으니 말이야. 그나저나 그 선로는 발차할 때만 필요한 걸까요?

B주임 TV판 2화 '화성의 붉은 바람'에선 화성에 도착할 때 레일을 타고 내려오던데.

C주임 다른 별 이야기는 중력이나 온도, 대기성분 등의 조건이 너무 다르니 지구상의 이야기만으로 한정하도록 하죠.

B주임 화성 정도는 괜찮지 않나? 실존하기도 하고, 가까운 별이라 탐사한 적도 있고 말이야. 전혀 모르는 별도 아니잖아.

C주임 물론 상상이 미치는 범위이긴 하죠. 그 다음 정차역인 토성의 위성 타이탄부터는 추측만 무성하지 전혀 손길이 닿지 않았지만요.

D직원 지구에서도 착륙에 쓰이는 장면을 본 적이 있는 것도 같은데요.

B주임 나도 본 것 같아. 그렇다면 발사대로서 필요한 기능은 생각 안 해도 되겠군. 개인적인 의견을 말하자면 그건 항로 같은 것이 아닐까 하는 생각이 들어.

C주임 항로?

B주임 다양한 은하초특급이 발착(發着)하잖아. 그 항로 말이야. 빌딩 사이를 달리기도 하고 말이지. 부딪히지 않는 높이까지 가면 그 후엔 마음대로 달려도 되겠지만.

A부장 마에다가 만드는 이상, 안전을 우선해서 생각하도록 하지. 가령 999호가 중대한 고장을 안고 지구에 도착해서 레일에 착륙했을 때, 비행 장치에 이상이 있다고 그 하중을 못 이기고 우지끈 무너지면 안 돼. 착륙에도 사용되고 999호의 하중에도 견딘다고 생각해야 될 거야.

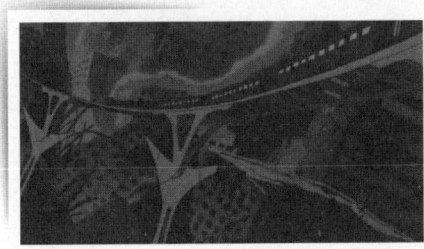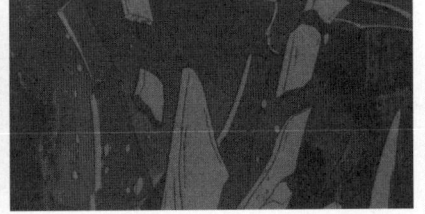

극장판 2편 〈안녕, 은하철도999〉에서 붕괴되는 교각

3 각도와 높이를 결정하자

여전히 스펙 검토 중.

A부장 👤 그럼 크기 이야기로 넘어가지.

B주임 👤 교각이 슬림해서 더 높아 보이네. 그 **의장**(意匠) 이
포인트일 거야.

🔍 **의장**
디자인을 말함.

C주임 👤 이번 물건에선 그 '아름답고 섬세한 의장'의 실현을 우
선해야 한다는 것에는 저도 동의합니다.

A부장 👤 다음으로 높이는 얼마로 하느냐가 문제인데…… 이건
각도에 따라 다르겠군.

D직원 👤 기울기라면 TV판 오프닝에 옆에서 본 구도가 있는데
그게 가장 확실해요!

B주임 👤 어, 그거 중요한 정보네.

A부장 👤 D군. 비디오를 되감아서 화
면상에서 각도를 재보도록
해. 그리고…… 주파하는 시
간을 알면 실제 C62형 기관
차의 속도로 레일의 길이를
알 수 있으니 높이도 알 수
있을 거야.

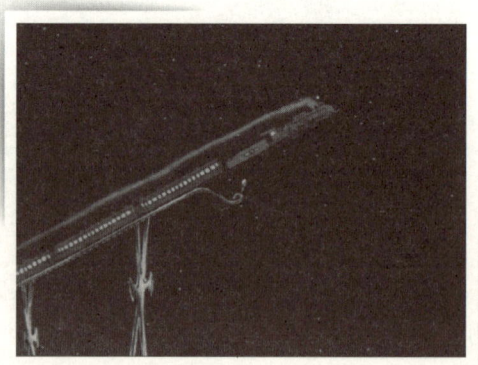

극장판 1편의 마지막 장면에서 발췌

B주임 👤 부장님, 아까도 말씀드렸지

만 TV판에선 그게 1분밖에 안 돼요. 극장판 1편에선 그보다 길지만 그래봤자 최대 1분 30초죠. 이건 애니메이션 특유의 주관적인 시간 흐름 표현이라고 봐야 하는 거 아닐까요? 실제 시간 흐름과는 별도로 철이의 마음속에선 1분으로 느껴지기도 하고 1분 30초로 느껴지기도 한다고 봐야 한다는 거죠.

A부장 그렇군. 그럼 의미가 없지. 1분 30초라면 그리 많은 거리를 달릴 수 없으니 말이야. 오르막 경사이기도 하고.

C주임 (B주임에게) 아까부터 느낀 건데, 부장님은 철도에 대해 묘하게 해박하시네요?

B주임 몰랐어? 부장님은 대단한 **철도 마니아**셔.

D직원 선로의 각도가 나왔습니다. 20도네요.

C주임 우와, 역시 평범한 철도의 기울기가 아니네.

D직원 보통 어느 정도인가요?

A부장 3도만 되어도 꽤 급경사지.

C주임 열차쪽 스펙으로 선로를 추측하는 건 꽤 어려울 것 같네요.

A부장 으음, 아쉽군.

B주임 얼레, 부장님이 뒤로 빠지셨네. 부장님, 벌써 퇴장이신가요?

A부장 또 열차 이야기가 나오면 참가하기로 할게.

C주임 각도가 결정되었으니 높이만 알면 크기도 결정되는 셈

> **철도 마니아**
> 중증의 철도 팬. 가령 '블루리본상'이라는 말을 들으면 보통은 영화상을 연상하지만, 이 양반은 "음, 그 차량은 화려해서 일반에 인기를 끌 것 같으니 말이야"라며 '철도동호회상'을 떠올립니다. 그러다 보니 철근 D51(직경 51mm 철근)을 보고 "이 C62, 아니 D51이군"이라는 농담에 웃어주는 후배기술자에 대해서는 평가가 후해집니다.

인데.

D직원 　기울기가 완만하게 물결치는 것은요?

C주임 　그건 개산견적(概算見積: 건축 공사비를 대략 예측하여 작성한 견적) 단계에선 생각 말고 검토하기로 하지. 솔직히 말해 각도 변화는 추정 근거로선 부족하고, 수량 면에서도 그리 큰 변화는 없을 것 같으니 말이야. 은하철도 주식회사에는 일단 심플한 물건으로 제출하고, 그후에 자세한 지시를 받는 거야.

B주임 　높네. 이 2단이 한 번 붙은 뒤 다시 2단이 되는 부분, 이 부분이라면 선로의 폭으로 높이를 알 수 있지 않을까?

C주임 　**게이지(gage)** 는 눈대중이 되긴 하겠네요.

B주임 　부장님, C62의 게이지는 얼마쯤 되나요?

A부장 　C62뿐만 아니라 국철에서 JR에 이르는 노선은 모두 1067mm야.

B주임 　하하하하, 혹시나 해서 여쭤본 건데 역시 잘 아시네요.

C주임 　그럼, 음, 여기까지가 약 10미터네요. 그렇다면 요 아랫부분이 문제네.

D직원 　예? 아랫부분이라면 어디 말씀인가요?

B주임 　D군, 어째서 얼굴에 물음표를 띄우고 있나? 아랫부분이라고 하면 당연히 지면이잖아.

D직원 　하지만 메가로폴리스는 초고층빌딩이 늘어선 도시이고, 아래층의 빛이 안 닿는 곳에는 기계 몸이 아닌 사

게이지
선로의 폭. 기계제품의 치수·모양 등의 기준(基準)이 되는 것, 또 그것을 검사하는 데 사용되는 것의 총칭.

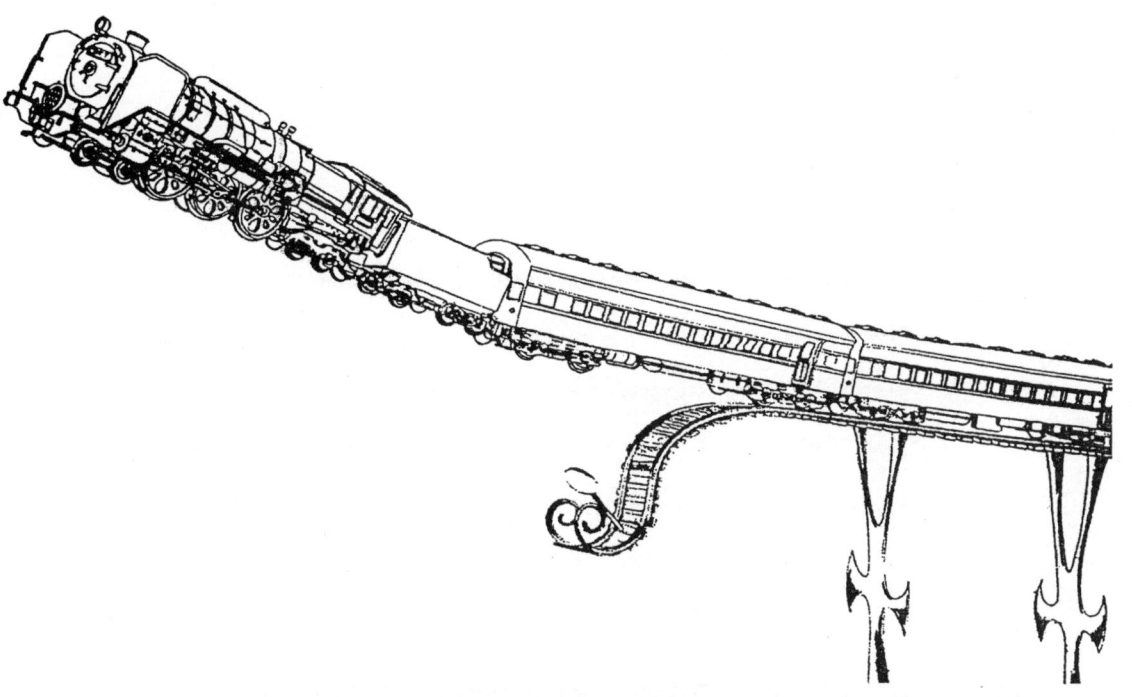

은하철도 주식회사의 지시는 과연?

람들이 산다는 설정이라고요. 설마 토대가 그곳에 있고 거기서부터 점점 높아진다는 건 아니겠죠?

C주임 🎩 빛도 안 닿을 만큼 아래라…… 그건 좀 어렵겠네. 그냥 홈 높이를 인공지반으로 보면 되지 않을까? 뭐, 999호의 99번 홈에 철이와 메텔이 에스컬레이터로 도착한 걸 보면 역 입구에서 몇 층 위인 셈일 테니 3층 정도는 올라가겠지.

D직원 👦 그렇군요.

C주임 🎩 부장님, 그 부분은 발주처에 공상세계 대화장치로 확인해보는 게 어떨까요?

A부장 👹 예전처럼 토목기술자 상대라면 모를까, 이번 상대는 좀 껄끄러워서 말이지.

B주임 👲 사람이 아니라 컴퓨터니 말이죠.

C주임 🎩 음. 이야기를 되돌려서, 어느 정도 높이가 되려나요.

TV판(왼쪽)과 극장판 1편(오른쪽)에서도 홈까지는 에스컬레이터를 이용합니다

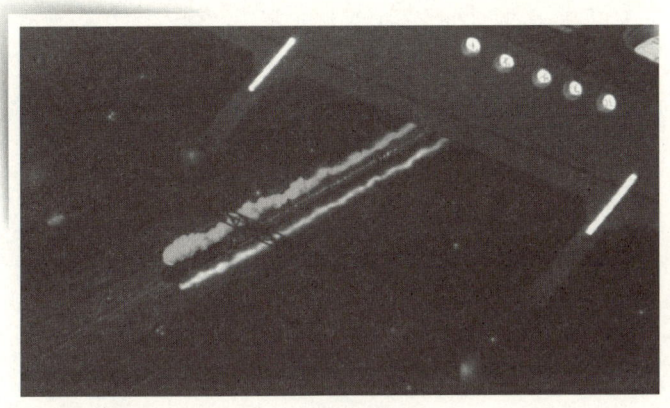
극장판 1편에서 발췌. 이건 인공지반이지 진짜 땅은 아닙니다

B주임 주변 빌딩들과 비교해보는 건 어떨까? 역시 빌딩들 위를 지나 하늘로 날아오른다는 이미지잖아. 어지간한 빌딩들보단 높아야 돼.

C주임 빌딩 높이도 모르는 건 마찬가지에요. 굉장히 높은 빌딩이라는 건 척 봐도 알 수 있지만, 어림짐작만으로는 구체적으로 몇 층인지 몇 미터인지 하는 건 알 수 없으니까요.

B주임 창문 숫자를 세보면 되잖아. 자, 그럼 D군, 부탁해.

D직원 예? **그건 무리**예요. 그 이전에 창문 자체가 안 그려져 있다고요.

C주임 어떻게 할까요? 그럼 현존하는 자료로는 정확히 알 수 없다는 말인데.

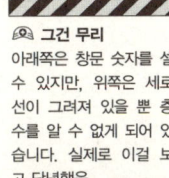
🔍 그건 무리
아래쪽은 창문 숫자를 셀 수 있지만, 위쪽은 세로 선이 그려져 있을 뿐 층 수를 알 수 없게 되어 있습니다. 실제로 이걸 보고 단념했음.

A부장 (설정자료를 보다가 돌연 고개를 들더니) 그래! 음, 이 선로는 999호 이외의 열차도 이용하는 것으로 가정하자고. 기업 투자효율 측면에서도 열차 하나에 교각 하나라는 건 보통 생각하기 어려우니 말이야. 그렇다면 이 레일 끝부분에 있는 '999' 마크는 다른 의미가 돼.

B주임 예?

A부장 높이인 거야. 이건 99.9m를 가리키는 거라고!!

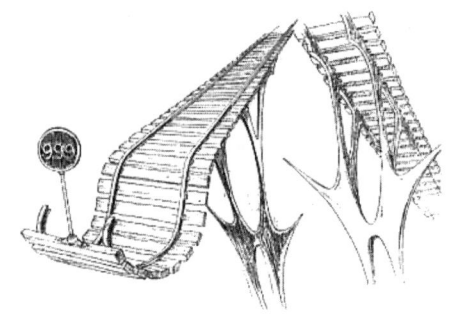

어떻게 봐도 열차명 표지판입니다만……

B주임 ……뭐, 많건 적건 이런 일엔 배짱도 필요한 법이니. 다음 회의에선 기술검토를 시작하도록 하죠.

언뜻 쉬워 보이는 다리의 실현을 곤란하게 만드는 포
인트는 무엇일까?
그리고 영원히 돌아오지 않는 청춘의 로망과 마음을
싣고 열차가 떠난다.

요구품질

- 최종 기울기 20°
- 최고 도달점 99.9m
- 일정 기울기의 등판선 (※우선 심플한 모델로 검토하고 그 후 은하철도 주식회사에 다시 지시를 받는다)
- 999호(C62형 기관차 · 객차를 원형으로 한다)의 주행에 문제가 없도록 사용 레일 및 침목, 기타 기준 등은 최대한 구 국철 – JR의 스펙에 맞춘다
- 999호의 기관차 및 객차의 중량에 견딜 수 있어야 한다
- 교각의 디자인 · 프로포션 실현을 최우선으로 한다
- 철근콘크리트제
- 홈 높이의 인공지반에 입각함

D직원이 그린 선로의 개요

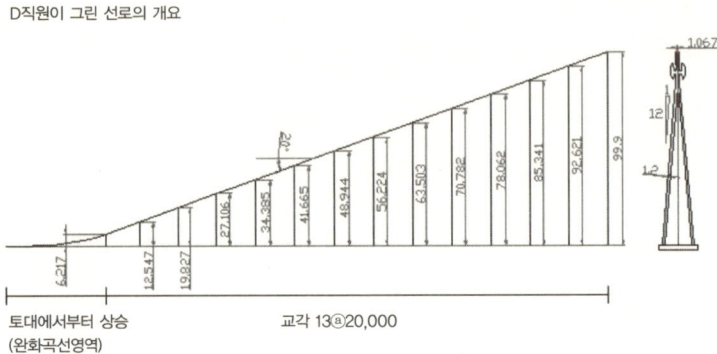

1.067

290

12

1.2

99.9
92.621
85.341
78.062
70.782
63.503
56.224
48.944
41.665
34.385
27.106
19.827
12.547
6.217

토대에서부터 상승
(완화곡선영역)

교각 13@20,000

마에다건설 히카리가오카 본사와의 비교 이미지
(교각 최고점 99.9m, 히카리가오카 본사 약 100m)

'발차대'? 아니면 '발사대'?

　멤버 중에서 가장 젊은 D직원은 이번 발차대를 보고 이것이 은하철도의 열차를 우주로 쏘아 올리는 장치가 아닐까 하는 의문을 가졌습니다. 〈은하철도999〉가 애니메이션화 된 지 약 25년이 지난 지금, SF세계에선 매스 드라이버라는 발사 장치 개념이 꽤 일반화 되었습니다만, 그 목적과 형상이 이번 발차대와 매우 흡사한 것이 그 원인인 듯합니다.

　매스 드라이버는 리니어 캐터펄트(linear catapult)라고도 하는데, 신칸센의 리니어 모터카와 마찬가지로 궤도에 장치한 전자석의 힘으로 물체를 가속시켜 우주선을 쏘아 올리는 장치입니다. 999호는 메텔이 철이에게 설명한 것처럼 승객의 심정을 배려해서 구형 SL(steam locomotive : 증기 기관차)의 외관을 하고 있지만, 다른 은하초특급에는 미래적인 형상의 것도 있기에 고속으로 달리는 리니어 모터카를 방불케 합니다. 따라서 레일에 리니어 구동장치가 달려 있어도 이상할 것은 없는 셈입니다. 그러나 판타지 영업부에선 작품을 보면서 다음 세 가지 이유에 의해 이번 물건은 발사 기구를 가진 '발사대'가 아니라 안전한 높이까지 항로를 확보함으로써 발차를 보조하는 '발차대'라고 판단하였습니다.

　(1) 레일에 리니어 구동장치가 달려 있다면 이렇게 슬림한 상부공이 되지 않는다.

　(2) 발사 속도로 달린다면 철이가 창밖으로 얼굴을 내밀 수 없다.

　(3) 차륜이 굴러가는 소리가 통상적인 SL 주행 수준이다.

　솔직히 말해 매스 드라이버 자체는 아직 실현되지 않은 꿈의 장치이기에 '발사대'로 만들어달라고 했다면 일본 이외의 항공우주 관계자까지 초빙하는 초대형 프로젝트가 되었을지도 모릅니다. 이것저것 난관은 많지만 가장 큰 것은 인간이 급격한 가속을 견뎌낼 수 있느냐 하는 것 아닐까요? 승객이 견뎌낼 수 있을 만큼 서서히 가속시키는 장치로 만드는 것도 가능하긴 합니다만, 그렇게 하면 터무니없는 길이가 되고 맙니다. 일본의 길이는 홋카이도에서 오키나와까지 약 3000km입니다만, 그에 필적할 가능성도 있습니다. 이렇게 되면 현대판 만리장성을 쌓는 것처럼 장대한 계획입니다. 말 그대로 전 인류의 보물인 셈이죠. 물론, 건설업자로선 그런 거대 프로젝트는 반갑지만요.

　그런 이유로 엄청난 용지가 필요할지 모릅니다만 그 외에도 공상과학 세계에서 생각할 수 있는 입지안이 여럿 있는데, 가령 공기의 밀도가 낮은 곳에 사출하면 공기저항을 작게 억누를 수 있으므로 높은 산을 뺑 뚫어서 짓는 편이 좋다든지, 적도에 가까운 곳에 짓는 것이 지구의 자전력을 크게 이용할 수 있다든지 하는 여러 가지 고려를 할 수 있습니다. 궁극적으로는 중력이 지구의 약 1/6밖에 안 되는 달에 짓는 것이 좋을 것이라는 안까지 있습니다. 여하튼 장소의 선정에는 고심하게 될 것 같군요.

* * *

　현실적으론 리니어 모터카가 실용화된 후의 좀 더 먼 미래의 장치일지도 모릅니다만, 공상과학을 기술이 따라잡게 된다면 인류는 누구나 우주에 갈 수 있게 되겠죠.

PART.3

초스펙 대추적

1 장식 부분은 프리캐스트로

계속해서 판타지 영업부 안. A부장, B주임, C주임, D 직원이 회의 중.

D직원 😊 우~웅.

B주임 😊 D군, 왜 그래?

D직원 😊 열차가 하늘을 나는 이야기가 또 있는 것 같다는 생각이 들어서요. 혹시 참고가 되지 않을까 해서 생각해봤는데 그게 뭔지 생각이 안 나서요.

B주임 😊 〈토마스와 친구들〉아냐? (모리모토 레오 씨 목소리로) "토마스가 하늘을 나는 이야기."

C주임 😊 어디서 그런 거짓 내레이션을. D군이 더욱 혼란에 빠졌잖아요.

D직원 😊 아니, 어차피 그 작품이 아니라는 건 알아요.

C주임 😊 그 외에도 기차가 나오는 작품이라면 〈짐보탄〉?

D직원 😊 그건 저도 모르는 작품인데, 유명한가요?

C주임 😊 응, 나한테는. 하지만 이것도 날지는 않아.

D직원 😊 아아! 생각났어요. 〈사스라이가〉!

B주임 😊 뭐야? 그게.

D직원 😊 기차가 로봇으로 변신해서 머신건을 난사하는 작품인데, 모르세요?

은하질풍 사스라이가
1년 안에 태양계 50행성을 답파하는 세기의 대승부에 나선 젊은 대부호 블루스와 그 동료들이 'JJ9(더블 제이 나인)'이라는 이름을 내걸고 365일간 태양계를 일주하는 장대한 레이스에 나선다는 이야기.
발매원: IMAGICA / 판매원: 미디어팩토리
ⓒ国際映画社・つばたしげお

C주임 🎩 하지만 그건 선로가 없는 곳에서도 멀쩡히 달리지 않았나? 날아오를 때도 그냥 떠올랐고 말이야. 기차건 차건 오토바이건.

B주임 😊 C군, 잘도 기억하고 있네.

D직원 🙂 그렇군요. 이번 물건의 참고는 안 되겠네요.

C주임 🎩 어떤 의미에선 기차나 배를 우주로 날려 보낸 마츠모토 레이지 선생의 사상을 정통 계승한 작품일지도 모르지만, 그렇게 생각하면 999호는 발차대까지 꼼꼼하

증기기관차형 우주 기차 'JJ9-II호'(왼쪽)가 거대 로봇(오른쪽)으로 변신!

고 리얼하게 묘사된 부분이 대단해. 그나저나 이 교각

은 어떻게 만들까요?

A부장 🐷 교각 윗부분 중 장식이 있는 부분은 프리캐스트 일체

성형이겠지. 아래 교각 부분은 당사의 기술을 살린다

면 REED 공법이겠고.

D직원 🙂 '프리캐스트'와 'REED 공법'이 뭔지 잘 모르겠는데요.

C주임 👮 프리캐스트는 콘크리트 부재를 공장에서 미리 만든 후

가져오는 공법이야. 현장에 **생콘**🔊을 가져와서 타설하

는 '현장 타설'과 구별되는 방식이지.

D직원 🙂 장식 부분이 꽤 커 보이는데 가져올 수 있나요? 엄청

> 📷 **생콘(생 콘크리트)**
> 재료를 섞어서 굳히기 전
> 의 걸쭉한 콘크리트.

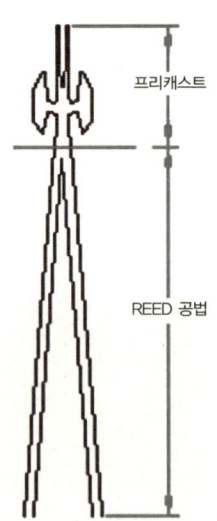

교각 상부 장식 부분은 프리캐스트로,
아래는 REED 공법으로

힘들지 않나.

B주임 999의 세계에선 에어카도 있으니까 문제없어. 마무리는 에메랄다스의 배에 부탁하든지.

A부장 틀렸어. 우린 어디까지나 '이쪽' 기술만으로 만들 수 있는 제안을 해야 돼.

C주임 확실히 운반에 꽤 성가신 점이 있긴 하네요. 하지만 그건 교각 가장 위에 붙으니까, 100m 높이에서 무언가를 만든다는 건 그것만으로도 힘든 일이에요. 형틀이나 철근도 전문가가 짜야 하니 말이죠. 우리들은 그걸 안전하게 진행할 수 있도록 방호와 대책을 확실히 해야 돼요.

A부장 낙하재해라는 게 있는데, 높은 곳에서 작업하면 사람이 추락해도 위험하고, 물건을 떨어뜨렸을 때 밑에 사람이 있을 경우에도 굉장히 위험해. **위아래**는 조심을 해야 하는 거지.

위아래
위에서 다른 작업을 할 경우 특히 낙하재해가 발생하기 쉬우므로 그러한 상황은 되도록 피해야 합니다.

B주임 그리고 100m 높이에서 현장 타설 콘크리트를 치면 양생(養生)이 힘들다는 것도 문제야.

D직원 양생?

B주임 비가 내리면 생콘이 빗물로 인해 묽어지지 않도록 **시트를 씌우거나** 반대로 날씨가 너무 좋으면 표면이 건조되어 갈라지지 않도록 물을 머금은 매트를 씌우거나 하는 거지.

시트를 씌우거나
블루시트를 씌워서 빗물로 인해 굳기 전의 콘크리트가 묽어지지 않도록 대처합니다.

C주임 ☺ 공장에서 작업하면 콘크리트 품질을 좌우하는 양생 시
작 시기를 제대로 관리할 수 있어서 발현강도(發現强
度)의 오차도 줄어들고 내구력에도 좋은 영향을 줄 수
있어.

A부장 ☺ 하지만 D군 말대로 무거운 물건을 운반해야 하는 것은
성가시니까 현장에서 작업하는 메리트도 버릴 순 없지.
여러 가지 조건을 검토해서, 어느 쪽이 더 이득인지 잘
생각해서 판단해야 돼. 여하튼 이번 프로젝트는 프리
캐스트 선에서 생각해보자고.

C주임 ☺ 한 가지 더 있어요. 프리캐스트로 하면 다른 별에 시공
할 때도 쉬워지죠.

B주임 ☺ 무슨 소리야? 다른 별은 생각하지 않아도 되는 거 아
니었어?

C주임 ☺ 예, 그래서 어디까지나 장래 전망을 말하는 겁니다. 극
장판 1편에 나온 행성 헤비멜다의 교각은 지구의 그것

극장판 1편에서 (왼쪽)지구의 교각, (오른쪽)행성 헤비멜다의 교각

과 매우 흡사하거든요.

B주임 흐음. 하지만 이건 지구에서 만든 것을 가져다 쓴 걸까? 은하철도의 화물부문이 그렇게나 저비용 서비스를 전개 중인 건가?

C주임 그렇다면 효율성이 너무 떨어지는데요. 현실적으로는 같은 설계도를 바탕으로 하는 것을 목적으로 짓기로 한 게 아니었을까요?

D직원 그나저나 이 두 개는 정말 비슷하네요. 마치 배경만 바꾼 것 같아요.

B주임 지구의 것을 기본형으로 해서 다른 별도 통일하려 한 거겠지.

A부장 생산성의 향상은 건설업에도 중요한 시점이야. 프리캐

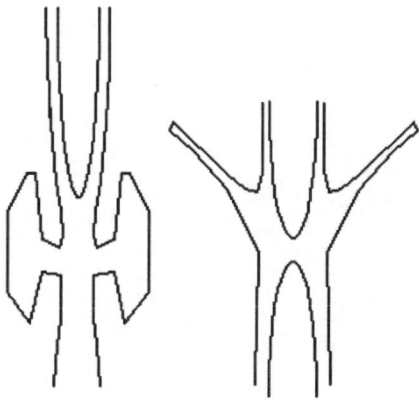

(왼쪽)TV판, 극장판 1편의 귀가 둥근 '철이형' 장식,
(오른쪽)극장판 2편의 귀가 뾰족한 '마우다형' 장식

스트 부재를 규격화하면 현장 타설로 같은 것을 만드
는 것보다 훨씬 유리하지.

C주임 그쪽 별에 있는 공장에서 형틀의 검사와 출하 전의 검
사를 하는 것으로 대처할 수 있으니 말이죠.

A부장 그래, 맞아.

B주임 한 가지 더 있어요, 부장님. 이 장식 부분 말인데요,
TV판, 극장판 1편에서와 2편에서의 형태가 다릅니다.
이 귀 부분이 동그란 것을 '철이형', 뾰족한 것을 '먀우
다형'이라 부르도록 하죠.

C주임 하하, 귀가 뾰족하니까.

D직원 극장판 1편과 2편 사이에는 2년간의 공백이 있는데,
철이형에서 먀우다형으로 교체된 걸까요?

C주임 아니, 극장판 2편에선 이미 교각이 노령화되어 있었으

극장판 2편 〈안녕, 은하철도999〉 라메탈 행성에서 만난 팔티잔의 전사 먀우다. 이 뾰족
한 귀를 기억하십니까?

니 동일한 것 아닐까?

D직원 🙂 그렇다면요?

A부장 😎 저번 프로젝트와 마찬가지로 어느 쪽 형태를 재현할지
정해야 할 것 같군.

C주임 😋 가장 먼저 이미지를 결정지은 TV판과 극장판 1편에서
쓰인 철이형이 좋지 않을까요?

A부장 😎 먀우다형에 비하면 약간 안정감도 있고 말이야.

2 교각은 REED 공법으로

D직원 🙂 REED 공법이라는 것은 무엇이죠?

B주임 😊 이것도 프리캐스트 자재를 사용한 공법이야. 쉽게 말
해 바깥쪽을 모르타르 패널(SEED폼🌀)로 짠 후, H강
재를 세우고 안을 현장 타설 생콘으로 충전하는 방법
이지.

> ⚠️ SEED 폼
> 프리캐스트 자재. 공장에서 만들어 운반할 때는 판 모양인데, 이것을 현장에서 조립해서 바깥 틀을 만듭니다.

D직원 🙂 바깥쪽은 패널인가요?

B주임 😊 그래. 바깥쪽을 만든 뒤에 안을 충전하는 셈이야. 고기
를 구울 때 먼저 바깥쪽을 구워서 굳혀버리면 육즙이
안 빠지는 것과 같은 발상이지.

D직원 🙂 그 설명은 방금 생각하신 거죠?

B주임 😊 생콘은 굳기 전엔 무거운 액체니까 말야. 형틀을 짜서

작업한다 해도 바깥쪽에서 꽉 눌러줄 필요가 있어. 바깥쪽이 모르타르 패널이라면 형틀이 됨과 동시에 그것 자체가 완성물의 일부가 되니까 형틀 고정, 형틀 해체의 수고가 꽤 줄어드는 셈이지.

D직원 **형틀이 벗겨지면** 하늘에서 생콘이 쏟아지니 말이죠.

C주임 뭐, 그런 일이 없도록 하자는 거야. 그리고 이것도 높

> **형틀이 벗겨지면**
> 형틀을 고정시킨 것이 벗겨져서 해체되었을 때를 말함.

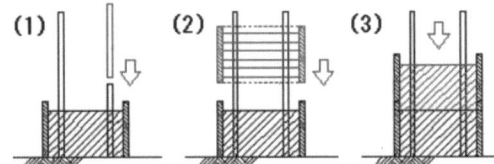

REED 공법
(1) **스트라이프 H**를 세우고 (2) SEED 폼을 붙인 후 (3) 안을 채운다

> **스트라이프 H**
> REED 공법에 쓰이는 특수한 H형 강재. 표면에 있는 돌기가 콘크리트의 부착을 쉽게 하여 콘크리트와의 일체성을 높인 부재로, 철근 대용으로 쓰입니다. JFE스틸(주)가 특허를 갖고 있는 제품.

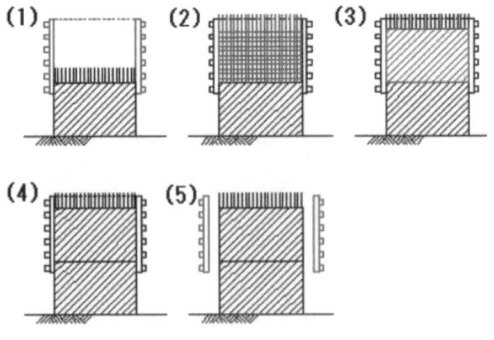

종래 공법
(1) 형틀공 (2) 철근공 (3) 생콘 타설 (4) 콘크리트 양생 (5) 형틀 해체

은 곳에서의 작업을 줄이므로 작업성, 안정성을 향상

시킬 수 있어. 우리 같은 만드는 쪽 사람으로선 중요한

포인트지.

B주임 그리고 이번 교각은 둘로 나뉜 후엔 아래까지 굵기가

같잖아. 어디에서 자르건 같은 치수인 셈이야. 그러니까

공장에서 같은 틀로 찍어내기 쉬운 거지. 하지만, 가령

아래쪽으로 갈수록 굵어지는 디자인이라면 이런 방법은

쓸 수 없어. 그런 디자인을 선호하는 사람도 있으니.

D직원 예.

B주임 그리고 높이에 따라 단면의 굵기가 다르다면 복잡해져.

전부 일일이 설계도가 달라지고, 틀도 재활용하기 어

려워지니까.

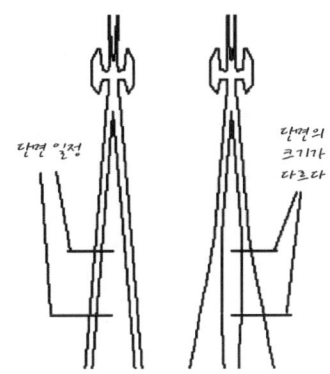

단면 일정

단면의 크기가 다르다

만약 교각이 밑으로 갈 수록 굵어진다면…… (오른쪽)

D직원 🙂   그렇군요. 교각 아래쪽은 극장판 화면에서도 안 나왔

지만, 그런 식으로 된다면 곤란하겠네요.

B주임 🙂   그런 거지.

D직원 🙂   저기, 우리 회사가 REED 공법으로 만든 가장 높은 교

각은 얼마쯤 되나요?

B주임 🙂   음, 얼만가요? 부장님.

A부장 🙂   REED 공법 실적으론 40m로군. 교각 자체만 60m쯤

되던가. 이번 물건이 꽤 도전적인 프로젝트라는 걸 이

제 좀 알겠지?

3 자재에도 유의를

A부장 🙂   그리고 이번엔 프리캐스트와 REED 공법의 충전에 S ·

Q · C를 쓸까 해.

D직원 🙂   S · Q · C? 뭔가요? 그게.

C주임 🙂   슈퍼 퀄리티 콘크리트(super quality concrete). 자기충

전형 고강도 고내구성 콘크리트를 말해. 우리 회사는

S · Q · C 구조물 개발, 보급에 중추적인 역할을 맡고

있어서 한창 밀고 있는 기술이지. 자기충전형이라는

것은 콘크리트의 유동성이 좋아서 **바이브레이터를 걸**

지 않아도◈ 세세한 부분까지 퍼지는 성능을 말해. 그

> ⚠️ **바이브레이터를 걸지 않아도**
> 보통은 생콘에 진동을 주면서 충전해서 구석구석까지 잘 퍼지게 합니다.

5 6

리고 고강도와 고내구성은 말 그대로의 의미이고.

B주임   요즘은 교각을 늘씬하고 아름답게 만들어달라는 주문
이 적지 않으니 말이야. 그럴 때는 이 재료 이야기가
꼭 나오니까 잘 기억해둬.

D직원   왠지 좋은 점만 있는 콘크리트네요. '슈퍼 퀄리티'니까
고성능이 아니라 초성능인가요?!

B주임   아깝군. 우리말로 하면 '초고성능 콘크리트'야. 그 대신
가격이 조금 비싸지지만. 그래도 강도가 높으면 슬림
하게 만들 수 있으니 재료를 줄일 수 있고, 내구성이
높아서 보수가 필요 없다는 점에서도 총 비용은 낮아
지는 거지.

A부장   교각 위 장식 부분은 산뜻하고 가늘게 만들어야 아름
답다는 생각이 드니 말이야. 여긴 당연히 S·Q·C를
써야지. 이걸 쓰면 극장판 2편 〈안녕, 은하철도999〉에
서 999호가 지나더라도 무너지지 않을지 몰라.

C주임   내구성이 높으니 말이죠. 가만히 놔두어도 100년, 보
수를 하면 어림잡아 500년은 버티니까요. 하지만 그래
선 오히려 작품세계와 어긋나 버리지 않나요? 부장님.

4 상부공(上部工)은 레일이 핵심

D직원 😊 교각은 어떻게 잘 될 것 같습니다. 상부공은 어떻게 할
까요?

B주임 😊 상부공이라고 해도 공중에 **침목**(枕木)을 깔고, 거기
에 레일을 올려놓는 것뿐이니까 일반적인 상부공과는
다를 거야.

C주임 😊 침목이 공중에 뜰 리는 없으니 레일에 매달려 있는 형
태겠네요.

A부장 😊 결국 그렇게 해석해야겠지. 애당초 침목이라는 것은
레일의 게이지를 고정하는 역할이고 말이야.

D직원 😊 예? 그런가요?

A부장 😊 **밸러스트**(ballast) 위에 레일이 있을 경우엔 침목이
필요하지만, 지하철 같은 것에는 콘크리트 바닥에 레
일을 직접 깔고 올바른 위치에 고정할 수 있으니까 침
목이 없어도 문제없을 거야.

B주임 😊 그렇다면 레일 두 개 자체가 교형(橋桁)을 겸하고 있고,
이것으로 열차를 지지한다는 말이네.

D직원 😊 그렇게 가는 것으로요?!

B주임 😊 강도 면에선 어떻게든 될 거라 생각해. 우리 회사도 참
여한 아카시 해협 대교(현수교)도 두 개의 케이블로 그
렇게 큰 대교를 지탱하니 말이지.

📎 상부공
수직으로 서 있는 교각을
하부공(下部工), 그 위에
가로로 놓이는 들보(=형
(桁))를 상부공이라 부릅
니다. 그리고 하부공을
지탱하는 기초공사를 기
초공이라 부릅니다.

📎 침목
선로 아래에 까는 나무나
콘크리트로 된 토막.

📎 밸러스트
열차의 하중을 분산시키
기 위해 깔아놓은 자갈.

A부장 🙂 그런 면도 있긴 해. 산사태로 선로가 조금 공중에 뜬 상태에서 열차가 통과한 사례도 있다더군. 뭐, 어디까지나 조금 뜬 경우겠지만. 문제는 레일이 휘지 않도록 하는 거야. 열차 무게로 너무 휘어버리면 열차가 달릴 수 없게 되니까. **인장강도**(引張强度)🔍가 높으면 줄타기를 하는 것처럼 잘 안 휠 것 같긴 한데.

D직원 🙂 999호도 교각 사이는 줄타기인가요?

B주임 🙂 균형이 무너지면 선로가 꼬여서 무너지겠지. 철이가 창밖으로 얼굴을 내밀면 무게가 한쪽으로 기울어서 위험해.

> 🔊 **인장강도**
> 재료가 감당할 수 있는 최대의 응력을 가리키는 용어. 극한강도(極限强度)라고도 하며, 재료가 파괴될 때의 응력인 파단강도와는 다름.

마에다 건설도 참가한 아카시 해협 대교

A부장 　레일 강성(剛性)을 높일 수는 있겠지. 그리고 재질 문
　　　　제일 거야. 열차 무게에 견딜 수 있을 만큼 인장강도가
　　　　강한 재질을 쓰면 가능하지 않을까?

D직원 　탄소섬유 같은 것을 쓰면 가볍고 인장강도도 세겠지요.

B주임 　잠깐, 레일이라는 건 전기가 통해야 하는 거 아냐?

A부장 　아니, 레일에 전기를 통하게 하는 건 **지금의 신호 시스**
　　　　템이 레일의 통전성을 이용한 것[●]이라서 그렇고, 은하
　　　　철도 관리국이라면 오히려 위성 내비게이션 같은 것을
　　　　써서 보다 광범위하게 주행상황을 파악하지 않을까?

B주임 　그렇군요.

C주임 　레일은 예전 국철 규격의 것을 쓰지 않아도 되나요?

B주임 　평범한 것으론 무리겠지.

A부장 　레일이라는 것도 본래 게이지 치수를 지킬 수 있고 잘
　　　　마모되지 않는 자재를 찾다보니 철제가 된 것뿐이야.
　　　　극단적으로 말해서 콘크리트에 홈을 판 것이라도 게이
　　　　지만 잘 지키면 열차는 달릴 수 있지.

D직원 　그런가요?

A부장 　게이지라는 것은 잘 알다시피 선로 안쪽과 안쪽 치수
　　　　니까 바깥쪽에 대해선 어떤 형태가 되건 본질적으론
　　　　지장이 없고, 레일의 잘록한 형태도 만들 때 쇠의 양을
　　　　줄이기 위한 아이디어야. 지금은 그런 상식에 얽매이
　　　　지 않는 편이 좋지 않을까?

<aside>🔍 지금의 신호 시스템이 레일의 통전성을 이용한 것
레일에는 미약한 전기가 흐르고 있어서 열차가 있을 때는 차륜을 통해 좌우가 합선됩니다. 이것을 이용해서 열차의 위치를 감지하고, 열차들이 너무 접근하지 않도록 주행관리를 합니다.</aside>

C주임 아까 침목 이야기도 그렇고 방금 레일 이야기도 그렇고, 오늘 참 많이 배우네요. 부장님.

B주임 그래서 철도 마니아라고 했잖아.

C주임 그럼 레일의 강성과 강도를 높여서 안정적인 줄타기가 가능하도록 하는 방향으로, 구조관계를 전문으로 하는 회사에 검토를 의뢰해보죠.

A부장 음, 부탁하네.

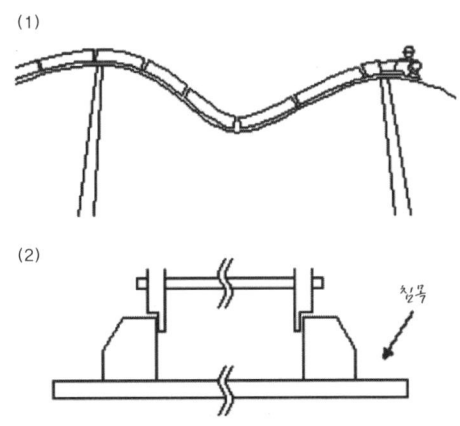

(1)

(2)

침목

상부공의 이미지
(1) 레일로 줄타기, (2) 레일을 단단하게 해서 들보를 대신한다

다음 회부터 교각의 구체적인 설계와 시공방법의 검토
가 시작됩니다. REED 공법의 전문가인 토목설계부의
H주임이 등장합니다.
다음 장 PART.4 '마에다건설의 대모험'. 젊은이는 지
금 미래로 떠난다.

마에다건설의 대모험

■1 다리에 걸리는 힘과 그 조합에 대해

계속해서 판타지 영업부 안. A부장, B주임, C주임, D 직원이 회의 중.

C주임 ☺ 그럼 먼저 교각을 만드는 REED 공법부터 사내에서 검 토할 수 있는 분에게 상의하러 가보죠.

A부장 ☺ 기술연구소이려나.

B주임 ☺ 아니, 토목설계부에 동기 H가 있습니다. 줄곧 REED 공법을 해왔으니 어지간한 주문은 다 들어줄 거예요.

A부장 ☺ 그래? 그럼 B군과 D군이 H주임이 있는 히카리가오카 에 다녀오도록 해. 사정은 내가 전해둘게. 그나저나 요 즘은 판타지 영업부가 사내에 제법 침투해 있어서, 예 전보다 이야기하기가 수월해져서 다행이야.

B주임 ☺ 정말요.

H 주임

히카리가오카 본사 토목설계부 소속(당시). 원래는 기 술연구소에 소속되어 거기서 REED 공법의 개발을 담당했다. B주임과 동기지만 무슨 까닭인지 B주임은 경어를 쓴다. 이 프로젝트 후에도 D직원과 얼굴을 마 주칠 때면 《파렴치 학원☺》의 발주는 아직 안 왔느냐 며 난처하게 만든다고 한다. 그런데 그건 평범한 학 교 아니었나?

🔖 **파렴치 학원**
나가이 고(마징가Z의 원 작자)가 1968년부터 1972 년까지 주간 소년 점프에 연재한 만화. TV드라마 와 영화로 만들어지기도 했음.

REED 공법을 이용한 교각 설계에 대해 토목설계부의
H주임에게 이야기를 들으러 온 B주임, D직원.

D직원 😊 잘 부탁드립니다.

H주임 😺 메텔을 만나게 해주기 전엔 안 해.

B주임 😊 우리 회사엔 이런 사람들뿐인가.

D직원 😊 어떻게든 잘 좀 부탁드립니다.

B주임 😊 H씨. 우리도 못 만나고 있다고요. 무립니다.

H주임 😺 그럼 B군, 〈**큐티 하니**〉◎의 하니 때는 꼭 좀 부탁해.

B주임 😊 〈큐티 하니〉의 뭘 만든다는 겁니까?

H주임 😺 공중원소 고정 장치.

D직원 😊 옷이 분해되어서 다른 옷으로 재구성되는 그거 말인
가요?

B주임 😊 건물이나 다리를 만드는 우리 회사에서 그걸 만들 수
있을는지.

D직원 😊 하니의 몸 안에 내장되어 있는 기계니까 토목건축 분
야는 아니네요.

B주임 😊 하지만 우리 회사에도 하나 있으면 좋을 것 같군. 작업
복을 갈아입을 때라든지.

D직원 😊 B주임의 변신 신은 보고 싶지 않아요.

B주임 😊 D군에겐 평생 안 보여줘. 그나저나 H씨; 극장판 2편에
서 결국 무너지는 걸 알면서도 만들어달라고 하기가

> ///////
> 🔍 **큐티 하니**
> 나가이 고가 1973년부터
> 1974년까지 주간 소년 챔
> 피언에 연재한 만화. 1973
> 년 토에이애니메이션에서
> 애니메이션으로 만들었으
> 며 히로인이 변신해서 싸
> 우는 개념을 최초로 도입
> 한 작품.

좀 미안한데요.

H주임 🐱 뭐, 괜찮아. 극장판 2편 때는 주위 상황이 꽤 살벌했으니 말이야. 콘크리트 구조물이 무너지는 원인은 크게 나누어 세 가지인데,

(1) 초기결함

(2) 열화

(3) 손상

(1) 초기결함은 시공불량처럼 만드는 쪽이 가장 조심해야 하는 것, (2) 열화는 점점 진행되는 것. **알칼리 골재 반응**🔍 등. 그리고 이런 미래도시에선 산성비가 내릴 것 같으니 그것의 영향이 있을지도 모르겠군.

D직원 😊 **몸이 녹슨다~.**🔍

B주임 😊 극장판 1편에서 캡틴 하록이 억지로 우유를 마시게 한 사람이 한 말이로군. D군, 비디오를 꽤 본 성과가 나오고 있네.

H주임 🐱 (3) 손상은 피해가 급격히 진행되는 것으로 지진이나 충돌, 화재 등.

B주임 😊 흠, 통상 우리들이 생각하는 것은 (2) 열화지만, 주위에서 벌어지는 전투로 건물 등이 무너지는 것을 보면 (3) 손상 쪽의 비중이 더 높을 것 같군요.

D직원 😊 화재는 일어날 법 하네요. 얼레? 그리고 보니 화재는 콘크리트에 외상을 안 줄 것 같은데, 무슨 문제가 있습

🔍 **알칼리 골재 반응**
콘크리트에 넣는 모래에 특정 성분이 포함되어 있으면 그 주위에 팽창성 결정이 잔뜩 생겨서 안쪽에서 파열되듯 콘크리트에 균열이 일어납니다. 이것을 알칼리 골재 반응이라고 하며, 그 위험성이 있는 경우엔 예방책이 필요해집니다.

🔍 **몸이 녹슨다~**

극장판 1편에서 나온 대사. 철이가 술집에서 우유를 주문했을 때 기계인간 패거리가 시비를 걸어왔는데, 그걸 구해준 것이 캡틴 하록이었습니다. 너무도 멋진 등장 신.

니까?

B주임 열로 인해 안에 있는 철근이 약해져.

H주임 우리 세계에선 **상정**(想定)치 이상의 손상이 있을 경
우에는 신속히 보수하는 것이 기본이지만, 비상시라
그러지 못하고 방치하면 점점 악화되겠지. 최종적으로
그 다리가 무너진 것은 한계에 이르렀을 때 999호가
무리해서 지나가려 한 것이 원인이었을 거야.

D직원 음, 이것저것 검토할 것이 많을 것 같은데, 무엇부터
시작해야 좋을까요?

> **상정**
> 어떤 정황을 가정적으로
> 생각하여 단정함. 또는
> 그런 단정.

극장판 2편 〈안녕, 은하철도999〉에서 발췌. 999호가 지나간 후 무너져 내리는 교각

H주임 완성된 교각에 어떤 힘이 걸릴지를 상정해야 할 거야. 이번 것은 순수한 철도 교각이라곤 할 수 없지만 '철도 구조물 등에 관한 설계 기준 중 콘크리트 구조물 기준'에 입각하여 생각해보지. 보통 이 정도는 고려하는 게 좋아. 지진은 자연재해라 막기 힘들겠지만 충돌, 화재 등은 어떤 의미에선 인재니까 일어나지 않도록 하는 것이 최선의 대책이야.

D직원 (1)의 자중(自重)이라는 건 중요합니까? 아무런 외압이 없는 상태에서 무너지지 않는 건 당연하다고 생각되는데요.

B주임 그건 말이지, 이런 여러 가지 하중이 따로따로 걸릴 거란 보장은 없잖아. 그러니까 여기서부터 조합을 생각해야 돼. 가령 강풍이 불고 있을 때 열차가 지난다면,

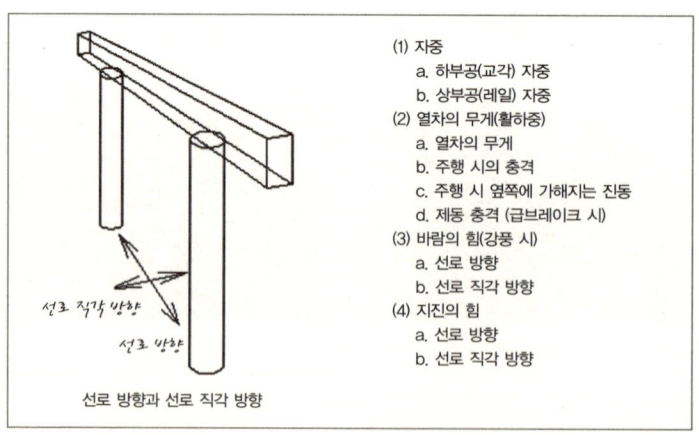

선로 직각 방향
선로 방향
선로 방향과 선로 직각 방향

(1) 자중
   a. 하부공(교각) 자중
   b. 상부공(레일) 자중
(2) 열차의 무게(활하중)
   a. 열차의 무게
   b. 주행 시의 충격
   c. 주행 시 옆쪽에 가해지는 진동
   d. 제동 충격 (급브레이크 시)
(3) 바람의 힘(강풍 시)
   a. 선로 방향
   b. 선로 직각 방향
(4) 지진의 힘
   a. 선로 방향
   b. 선로 직각 방향

(1) 자중 + (2) 열차의 무게 + (3) 바람의 힘이 동시에 교각에 걸리는 셈이야. 그럴 때 괜찮을지 어떨지를 점검하면서 설계하는 거지. 그런 의미에서 (1)의 자중은 항상 부가되는 무게로 염두해둬야 해.

H주임 말꼬리를 좀 잡자면, 보통 바람이 강해지면 교각이 무너지는 것보다 열차 자체의 전도 위험 때문에 운전은 하지 않을 거라 생각해.

D직원 예? 그런가요? 은하철도 규칙에선 제1조가 '은하철도는 무엇보다 시간을 엄수하여 우주 시간 흐름의 모범이 되어야 한다'라서 강풍 정도로 운행을 중지할 것처럼은 안 보이는데요.

B주임 장난이 아닌데.

H주임 그건 좀 놀랍네. 열차 모양에 따라 바람을 맞았을 때 걸리는 힘은 변하지만, 신칸센도 순간 최대 풍속이 30m/초가 되면 전도 위험 때문에 운행을 중지하거든. 태풍이 불 때의 풍속은 그 정도가 아니잖아. 하물며 하늘을 향해 달린다면 비행기 수준으로 바람의 영향을 받기 쉽지 않을까?

B주임 999호는 1년에 한 번밖에 안 오니까 태풍이 오는 계절은 피할 가능성이 높지만요.

D직원 아, 맞다. 이 이야기는 1화에서 철이와 엄마가 눈보라 속을 걷는 부분부터 시작되니까 계절은 겨울이네요.

B주임 🟤 바람은 심각하게 고려할 필요가 없는 셈이지.

H주임 🐱 그래, 바람에 관해선 그런 것 같군. 그리고 지진도 마찬가지인데, 1년에 한 번 밖에 오지 않는 999호가 이곳을 지나는 몇 분 동안 100년에 한 번 규모의 대지진이 일어날 가능성은 극히 낮겠지. 따라서 (2) 열차의 무게 + (4) 지진의 힘 조합은 현실적이지 않으니 생각하지 않아도 돼. 다시 말해 지진이 일어날 때의 조합은 (1) 자중 + (4) 지진의 힘뿐인 거지.

2 바람의 힘은 높은 구조물에선 무시할 수 없다

D직원 🟤 이렇게 가는 형태는 저항이 적어서 바람의 힘이 그렇게 안 크지 않은가요?

H주임 🐱 말도 안 되는 소리! 키가 큰 구조물의 건축 여부는 대개 바람에 따라 결정된다고 해도 과언이 아니야. 고층 빌딩이든 대형 교각이든 말이야. 높은 곳의 바람이 더 세게 분다는 건 알고 있지?

D직원 🟤 건물이나 나무처럼 흐름을 막는 물체가 없기 때문이죠?

H주임 🐱 그래. 그래서 높은 구조물은 바람을 맞기 쉬워. 게다가

바람의 힘은 바람을 맞는 면적에 정비례하지만, 풍속은 그 제곱으로 비례해. 풍속이 두 배면 바람의 힘은 네 배, 풍속이 세 배면 바람의 힘은 아홉 배가 걸리는 거지. 구조물을 슬림하게 해서 바람을 적게 맞는 형태로 만드는 것은 중요하지만, 그래도 풍속이 빠르면 틀림없이 큰 힘이 걸리게 돼.

B주임 ☺ 999호의 발차대 주위에는 높은 빌딩이 즐비하게 세워져 있으니 바람의 흐름을 꽤 막아주지 않을까요?

H주임 ☺ 음, 그런 조건은 지표면 조도 구분이라는 지표에 반영돼. 이 경우엔 V(5)로군.

D직원 ☺ 지표면 조도 구분이요?

H주임 ☺ 지표면에 바람의 흐름을 저해하는 물체가 얼마나 있느냐에 따른 구분이야. 레벨 I부터 레벨 V까지 있는데,

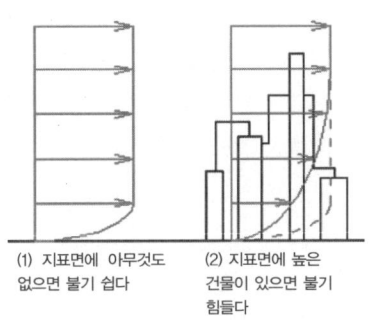

(1) 지표면에 아무것도 없으면 불기 쉽다

(2) 지표면에 높은 건물이 있으면 불기 힘들다

지표면에 있는 물체의 높이에 따라 바람 흐름의 저해 정도가 다르므로 풍속이 변한다

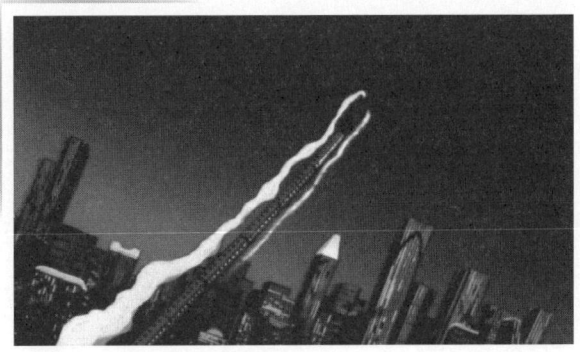

발차대는 이처럼 빌딩으로 둘러싸인 곳에 있다.
극장판 2편 〈안녕, 은하철도999〉에서 발췌

해수면처럼 주위에 아무것도 없는 곳이 가장 바람이 불기 쉬운 표면 상태로 레벨 I, 빌딩이 즐비하게 늘어선 도심부는 상공 높은 곳까지 흐름을 저해하는 물체가 있으니 가장 바람이 불기 힘든 레벨 V. 따라서 메가로폴리스는 V. 이렇게 고층 빌딩이 밀집되어 있는 미래도시라면 새롭게 레벨 VI라는 구분을 만들어야 할지도 모르겠어. 하지만 일단 현행 규정상 최고인 레벨 V라면 풍속 40m/초 이상은 생각해야겠군.

D직원 🙂 그렇군요. 그럼 역시 그 풍속을 설계에 써야 되겠네요.

H주임 😺 바람을 완전히 차단할 수 있다면 좋은데 말이야. 아까 이야기로 돌아가서, 메가로폴리스 밖에선 눈보라가 불어쳤는데 메가로폴리스 안에는 눈도 안 쌓였잖아. 어쩌면 투명한 돔 같은 것으로 감싸서 기후를 관리하는 도시일지도 몰라.

B주임 🙂 그렇다면 999호의 발차대보다 그 돔을 우선 만들어야 되겠네요.

D직원 🙂 느닷없이 근본을 뒤흔들지 마세요!!

B주임 🙂 이크, D군이 열 받았네. 자, 진정해. H주임도 혹시 그렇지 않을까 해서 한 이야기니까.

D직원 🙂 죄송합니다.

B주임 🙂 H씨, 도심부는 발열량이 많고 열이 고이기 쉬워서 열섬현상이 일어나기 쉬운데, 눈이 안 쌓인 건 그 때문이

아닐까요?

H주임 🐱 그렇군. 발차대 부분만 기압이 높아서 바람이 안 부는 것 아닐까 하는 설정도 생각해 봤는데, 열이 고인다면 오히려 데워져서 가벼워진 공기가 상승기류를 만드니까 안 되겠군.

B주임 🐵 그냥 바람도 부는 것으로 생각하도록 하죠.

3 REED 공법의 시공방법에 대해

B주임 🐵 그리고 H씨에겐 설계 외에도 REED 공법의 전문가로서 실제 시공 부분에 대해서도 문의를 하고 싶은데요.

H주임 🐱 좋아. 일반적인 콘크리트 교각 시공과 기본적인 수순은 다르지 않겠지만 말이야. 주철근 대신 철골 스트라

REED 공법 시공 예. 통 모양으로 조립한 SEED 폼을 스트라이프 H 기둥에 끼운다

이프 H를 세우고, 지상에서 조립한 SEED 폼 통을 끼우는 거지.

B주임 이번 교각은 굉장히 높은데 특별히 해야 할 일 같은 게 있지 않나요? 아마추어적인 생각이지만, 가령 한 번에 조립하는 SEED 폼의 높이는 얼마쯤 되나요?

H주임 1.8m 정도 생각해.

B주임 그것을 두 배인 3.6m로 하면 반복 작업 횟수가 줄어들어서 효율이 높아지지 않나요? 100m를 1.8m씩 쌓아나가면 56번, 교각은 두 개 있으니 112번이나 반복해야 하는 작업인데 말이죠.

H주임 SEED 폼을 조립하는 높이는 사람 키를 기준으로 생각한 거야. 이것보다 높으면 손이 안 닿아서 작업성이 극단적으로 나빠지거든. 3m로 하면 지상에서 조립할 때 발판이 필요해질 거 아냐. 일일이 작업 전에 조립해서

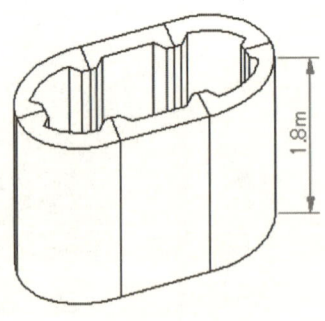

SEED 폼 조립 개요

작업이 끝나면 철거해야 하니 번거로워질 뿐이야. 어디까지나 만드는 것은 사람이니까 사람 크기까지 작업 규모를 떨어뜨리는 것이 시공성을 높이는 비결인 거지.

D직원   그리고 이번엔 비스듬하게 기울어진 상태에서 교각 두 개를 동시에 세워 가는데요, 그래도 괜찮을까요? 지금까지의 실적을 보면 수직으로 쌓아간 것 밖에 없었던 것 같은데.

H주임   으음, 그에 관해선 SEED 폼과 스트라이프 H 설치 방법에 대해 고민할 필요가 있겠어. 기계부의 F과장님과 잘 의논해 보라고.

B주임   아, F과장님이라면 마징가Z 때도 도움을 많이 받았는데.

D직원   F과장님에겐 매번 신세만 지는 것 같네요.

F과장   (기계부에서) 에취! 이상하네, 누가 내 이야기를 하나?

H주임   떡은 떡집이 전문이니까 말이야. 각 부서에 전문가가 있으니 지혜를 결집해서 잘 해보라고. 이번 물건은 꽤 힘들 것 같아.

여하튼 며칠 뒤, H주임이 설계한 REED 공법에 의한 교각 단면도가 도착했습니다.

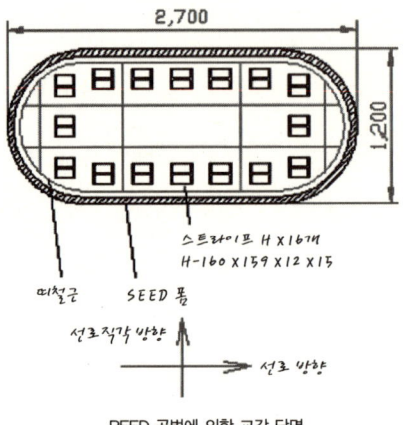

2,700

1,200

스트라이프 H X 16개
H-160 X 159 X 12 X 15

띠철근   SEED 폼

선로직각 방향 ↑   →선로 방향

REED 공법에 의한 교각 단면

다음 장은 PART.5 '점점 높아지는 난관들'. 그리고 지
금 기적이 새로운 젊은이의 출발을 알린다.

PART.5

점점 높아지는 난관들

① 사소한 발단

교각의 윤곽이 잡히자 일단 안심하고 점심을 먹으러
간 판타지 영업부. 그러나 실은 수면 밑에서 새로운 강
적이 다가오고 있다는 것을 아직 모르고 있었다.

이이다바시 본점 지하 사원식당에서

C주임 🎩   오늘 메뉴는 연어, **치쿠젠찜**(筑前煮), 믹스 프라이인
          가요?

B주임 🍄   겨우 어려운 과제를 해결했는데 좀 더 화끈한 메뉴는
          없나?

D직원 👤   50엔 더하면 **후리카케 두 팩**이 추가되네요.

B주임 🍄   그건 화끈한 게 아냐. 호화롭게 먹고 싶은 기분이라는

> 🍲 **치쿠젠찜**
> 닭고기, 당근, 우엉, 연근,
> 곤약 등을 볶은 후 설탕,
> 간장으로 간을 한 찜 요
> 리. 참고로 치쿠젠은 일
> 본의 지명.

> 🍲 **후리카케 두 팩**
> 개인적으로 어째서 두 팩
> 을 세트로 파는 건지 전
> 부터 의문이었습니다. 그
> 리고 2005년 5월, 사원
> 식당이 리모델링되었을
> 때 안타깝게도 이 메뉴가
> 사라져 버렸어요.

999호의 식당차에서 난생 처음 비프스테이크를 먹는 철이, 극장판 1편에서

거지.

D직원 999호의 식당차처럼 스테이크가 나온다면 좋겠네요.

B주임 D군, 틀렸어. 999호의 식당차는 '비프스테이크'야.

C주임 하하하하하. 그것 말고 어떤 메뉴가 있을까요?

B주임 먹은 적은 없지만 합성라면이라든지 **사루마 버섯**이

있을걸?

C주임 〈오토코오이돈(난 사나이)〉이 섞여 있어요.

(건축부 엔지니어링 설계담당 I과장 등장)

I과장 여전히 기운들이 넘치네. 여기 앉아도 될까?

I 과장

히카리가오카 본사 건축 엔지니어링 설계부 구조설계 Gr 소속(당시). 액티브 매스 댐퍼 설계를 오랫동안 맡아왔는데 토목 구조물에 채용되는 것은 이번이 처음이라 조금 당혹스러운 듯. 연배로 따지면 〈우주전함 야마토〉 세대. 〈은하철도999〉는 철이의 행동이 위태위태해서 차마 볼 수 없었다고.

A부장 아, I과장, 오랜만이야. 항상 히카리가오카에 있어서 이이다바시에서 만날 줄은 몰랐네. 회의 차 온 건가?

I과장 예. H주임에게서 이야기 들었어요. 또 재밌지만 어려운 물건이라면서요?

C주임 철도교의 일종이긴 한데 높이는 100m가까이 되고, 기

관차는 실제 C62보다 두 배 가까이 무거워요.

ㅣ과장 🐵   999호가 두 배 무거웠었군.

C주임 👮   예. C62 기관차가 약 140t인데요, 999호는 210t이라는
설정이에요. 내부가 메카닉으로 되어있는데 그 차이
때문이 아닐지.

ㅣ과장 🐵   음, 확실히 안으로 들어가면 '마츠모토 미터기'가 잔뜩
있었던 게 기억나네.

D직원 👦   마츠모토 미터기요?

ㅣ과장 🐵   요즘 젊은이는 그런 식으로 부르지는 않나?

C주임 👮   기계백작 머리 한복판에 달려있는 그거 말이야.

D직원 👦   아, 대충 뭔지 알겠네요. 항상 생각하는 건데, 기계백
작 머리에 있는 미터기는 자신은 절대로 못 보는 곳에
달려 있잖아요. 뭣 때문에 달아놓은 걸까요? 누군가에
게 보여주려는 건가?

기계백작

마츠모토 미터기

B주임 또 그런 소박한 의문을.

A부장 뭐, 이런 분위기에서 일하고 있네. 겨우 교각의 윤곽이

그려진 참이지.

I과장 그렇군요. 진동해석이 어렵지 않았나요?

전원 ‥‥‥.

I과장 어? 모르셨나요?

어느 날 이이다바시 사원식당. 얼어붙은 공기(귀중한 예전 사원식
당의 사진입니다.)

2 난관 1. 진동대책

히카리가오카 본사 20층, 건축 엔지니어링 설계부 구
조설계 그룹 플로어에서.

B주임, C주임이 I과장을 내방 중.

B주임 죄송합니다. 강풍과 열차 주행 설계 조건이 엄청 까다
롭다 보니 진동에 대한 건 까~맣게 잊고 있었네요. 늦
었지만 교각의 진동에 대해 자문을 구해볼까 합니다.

I과장 아니, 깜박 넘어가지 않아서 정말 다행이야. 여하튼 진
동 말인데, 계산 상 바람의 힘은 일정하게 걸리는 것으
로 상정하고 그에 견딜 수 있게 설계하잖아. 하지만 실
제로 불어오는 바람은 항상 같은 풍속이 아니라 강약
이 존재해.

C주임 예.

I과장 그 강약의 반복 때문에 교각이 진동하기도 하지.

C주임 대충 이미지가 잡히네요.

I과장 그리고 바람을 맞는 물체 뒤로 회오리가 생기는데, 교
각이 두 개 있으면 첫 번째 교각 뒤쪽에서 생긴 소용돌
이가 두 번째 교각과 충돌해서 강렬한 진동을 일으키

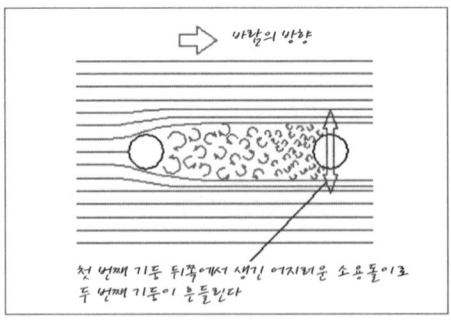

교각 뒤쪽에 소용돌이가 생긴다

기도 해. 형상이 복잡한 경우에는 예기치 못한 일이 발생할 경우가 있지.

C주임 : 그런 일이 있나요?

I과장 : 있고말고. 그것 자체는 사소한 진동이더라도 다리가 공진(共振)하면 점점 진동이 증폭되니까.

B주임 : 공진이라는 게 뭐죠?

I과장 : 육교를 달려서 건너본 적 있나? 그렇게 다리에 힘을 주지 않고 달려도 육교 중심 부근에서 쿵쿵 커다란 진동이 생기는 일이 있는데, 그게 진동이 증폭되어서 일어난 현상이야.

B주임 : 그거, 계산하려면 엄청 복잡하지 않나요?

C주임 : 아아, 또 성가신 문제가.

B주임 : I과장님, 그럼 그건 어떻게 하면 확인할 수 있나요?

I과장 : 가장 좋은 건 **풍동**(風洞 : wind tunnel) 실험을 하는 거야.

B주임 : 실험요?

I과장 : 그래, 전 교각 모형이 좋겠군. 교각 전체를 축소한 모형을 만들어서 바람을 불어주는 풍동이라는 실험장치 안에서 움직임을 보는 거지. 오다이바의 레인보우 브리지라든지 혼슈 시코쿠 연락교 정도 규모의 다리라면 꼭 해. 그래서 실제로 꽤 많은 것을 알 수 있고.

B주임 : 하지만 그건 돈이 꽤 들 것 같네요.

풍동
공기가 흐르는 현상이나 공기의 흐름이 물체에 미치는 힘 또는 흐름 속에 있는 물체의 운동 등을 조사하기 위해 인공적으로 공기가 흐르도록 만든 장치.

C주임 🧑‍✈️ 모형이라면 D군이 **풀스크래치(full-scratch)** 로 만들 겁니다.

B주임 😊 그건 개 분야가 아니야. **인형 전문**이잖아.

C주임 🧑‍✈️ 안 되나요?

I과장 🐵 모형을 만들 때의 재료도 아무거나 다 되는 건 아니야. 크기만 축소하는 것이 아니라 재질도 비율을 생각해서 작게 해야 되거든. 콘크리트 다리와 철제 다리는 무게나 강도가 다르잖아. 그런 것을 반영하지 않으면 안 돼.

C주임 🧑‍✈️ 어렵네요.

I과장 🐵 게다가 레인보우 브리지는 수면 위에 있으니까 주위에 아무것도 안 만들어도 되지만, 이 교각의 경우에는 주변 빌딩 사이를 통과할 때 생기는 바람 소용돌이의 영향도 있으니까 고층 빌딩군도 모형으로 재현해야겠지.

C주임 🧑‍✈️ 도시 전체를 모형으로 만드는 겁니까?

I과장 🐵 뭐, 영향이 있을 듯한 범위만 만들어도 되겠지.

B주임 😊 끝나면 그거, 내가 부수게 해줘. 완전 기계수 기분이겠어.

C주임 🧑‍✈️ 그럼 전 그것을 저지하는 마징가Z 역할을 하죠.

I과장 🐵 자네들, 즐거워 보이는군.

B주임 😊 그나저나 실험만으로도 까다로운 문제일 듯 하네요. 이대로 가다간 '완벽한 물건'이 안 나올 것 같네.

I과장 🐵 교각 자체가 가늘기도 하고, 이번 물건은 힘들겠어. 어

📐 풀스크래치
모형을 만들 때 조각처럼 덩어리에서 깎아내는 방법.

📐 인형 전문
쉽게 말해 피겨(figure).

느 정도 어디서든 건설할 수 있는 것을 상정하는 것도 필요하고 말이야.

(잠시 침묵. 그때 같은 부서인 구조설계 Gr의 J과장이 등장)

J과장  여, 왜들 그래? 심각한 표정으로.

J과장

히카리가오카 본사 건축 엔지니어링 설계부 구조설계 Gr 소속(당시). I과장과 같은 부서로 2년 선배. 애니메이션은 잘 안 보지만 언젠가 바벨탑 같은 고층 건물을 만들어보고 싶다는 이야기를 술자리에서 동기들에게 했다가 판타지 영업부를 알게 되었고, 그 활동에 흥미를 갖게 되었다. 아마 그 동기는 바벨탑과 혼동한 것이겠지만 무엇이 인연이 될지 세상사는 알 수 없다.

I과장 아, J과장. 마침 잘 왔어. 실은 말이야……(서둘러 경위를 설명).

J과장 흠흠. 그렇군. 돈이 좀 많이 드는 방법도 괜찮을까?

C주임 은하철도 주식회사는 승객에게 여행시 생활비용으로 **각 역에서 금화가 든 주머니를 줄 정도**[※]의 기업이니, 필요하다고 인정한다면 비싼 방법이라도 괜찮을 겁니다.

🎞 각 역에서 금화가 든 주머니를 줄 정도
TV판 2화 '화성의 붉은 바람'에선 이 금화 주머니 덕에 철이가 목숨을 건졌습니다.

J과장 (교각의 귀퉁이 부분을 가리키며) 이 의장은 구조적으론 의미가 없는데, 장식인가?

C주임 예. 이 부분도 S · Q · C의 프리캐스트라 무겁지만요.

J과장 그 무게를 이용해서 '액티브 매스 댐퍼'로 이용할 수 없을까 해서.

I과장 아, 그런 방법이 있었군!

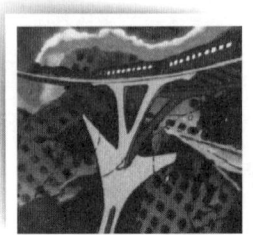

이 부분을 가리킵니다. 마우다형이 아니라 철이형을 생각하고 있으므로 장식이 좀 더 큽니다

B주임 액티브 매스? (C주임의 얼굴을 보며) 그게 뭐야?

J과장 액티브 매스 댐퍼. 줄여서 AMD라 부르기도 하는데, 고층 건물 등에서 진동을 상쇄하기 위해 두는 무게추를 말해.

I과장 J과장, 이 사람들에겐 좀 더 알기 쉽게 설명해야 할 거야.

J과장 지진이 발생했을 때 흔들리는 방향의 반대쪽으로 무게추(매스)를 움직여서 진동을 흡수하는 장치(댐퍼 damper : 제진장치)인데, B주임은 이 건물 가장 위에 가 본 적 있나?

B주임 사원식당요? 물론 자주 가죠!

J과장 그 위 말이야. 보통은 출입할 수 없는 최상층에 그 무게추가 있어. 우리 것은 '하이브리드 매스 댐퍼(HMD)'라고 액티브와 패시브의 복합형이지만.

C주임 액티브와 패시브라는 것은 뭔가요?

J과장 동력을 가지고 자신의 힘으로 움직이느냐, 동력을 가

지지 않고 지진으로 흔들리는 힘을 이용해서 움직이느냐의 차이를 말해.

B주임 갈수록 복잡해지네요.

J과장 진동이 발생했을 때 컴퓨터 제어로 진동과 반대 방향으로 무게추를 흔들어서 진동을 해소하는 것이 액티브 매스 댐퍼. 진동이 발생했을 때 지진의 힘으로 무게추가 흔들리지만 건물과 같은 주기를 가지고 반대 방향으로 흔들려서 서로의 진동을 해소하는 것이 패시브 매스 댐퍼.

B주임 우리 회사 건물은 그 두 개가 섞여 있어서 하이브리드인 거군요.

J과장 복합형이라고 부르도록 해. 뭐, 나중에 한 번 보라고.

B주임 하지만 이 우아한 의장은 그대로 둬야 되는데요. 그런 묵직한 무게추를 둘 공간은 이 장식 내부에는 없

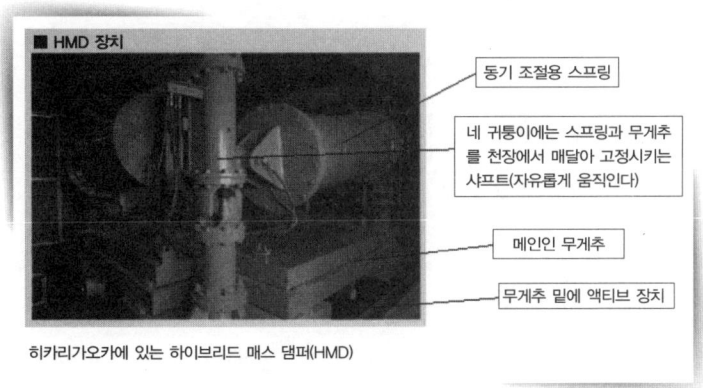

히카리가오카에 있는 하이브리드 매스 댐퍼(HMD)

을 텐데.

J과장 🐣 아니, 이 장식 자체를 무게추로 쓰면 돼.

I과장 🐵 그렇군.

J과장 🐣 그래, 여기 **가장자리를 잘라서**🔍 이 부분만 움직일 수 있도록 하는 거야.

> 🔍 **가장자리를 잘라서**
> 이어져 있는 것을 분리하는 것을 말함.

B주임 🐷 이 부분이 어떻게 움직이는 거죠?

J과장 🐣 약간만 움직이게 하면 돼. 요런 식으로 리니어 모터를 삽입해서 제어하는 거지.

C주임 👮 이렇게 조금만 움직여도 되나요?

J과장 🐣 움직임의 크기는 별로 관계없어. 발생하는 가속도가 중요하니까.

B주임 🐷 그렇군요. 이거라면 진동제어장치를 달아도 형태가 무너지는 일도 없고, 오히려 의장을 잘 이용하는 것이라 꽤 재미있습니다.

I과장 🐵 교각의 실루엣이 약간 변하니까 어쩌면 발주처에서 각하될지도 모르지만, 독특한 해결법이긴 하지.

J과장 🐣 음. 그리고 액티브 제어니까 바람뿐만 아니라 지진이나 열차로 인해 발생하는 진동의 흡수에도 유효해.

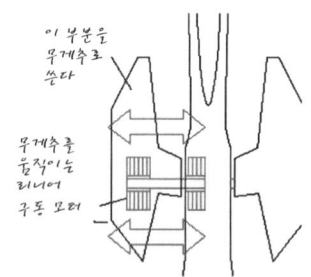

이 부분을 무게추 삼아 리니어 모터 등의 동력으로 움직입니다

C주임 👮 이로써 구조물에 대한 부하가 대폭 경감되는 셈이네요. 그 섬세한 라인을 그대로 살린 채 실현한다는 게 굉장

합니다!

B주임 좋아, 이거면 되겠어. C군, 얼른 이이다바시로 돌아가자! (말이 끝나기 무섭게 달리기 시작한다)

C주임 정말 감사했습니다! B주임, 돌아가기 전에 옥상에 있는 댐퍼를 보고 가지 않을 겁니까!

B주임 (멀리서) 아참 그랬지~~.

J과장 이봐! 잠깐 기다려. 아직 안 끝났어~.

I과장 B군은 일에 열심인 건 좋지만 저 덜렁대는 성격을 좀 고쳤으면 좋겠군. 아직 버클링 이야기가 남았는데 말이야.

J과장 평소에도 소리치며 로봇을 조종하는 고객들을 상대하다 보면 저렇게 되는 거겠지. 뭐, 자세한 도면을 그리기 위해 이이다바시의 K부장에게 갈 테니 거기서 설명해 달라고 하자고.

３ 난관 2. 버클링 대책

K 부장

이이다바시 본사 건축부 기술지원 그룹 소속(당시). I 과장, J과장의 예전 직속 상사로 지금은 이이다바시에 있다. 얼굴은 무섭지만 막상 이야기를 해보면 싹싹하고, 실은 헤비스모커라 회사 흡연 코너에서 B주임, C주임과 자주 만난다. B주임은 끊임없이 피어오르는 담배연기를 보면서 속으로 기차가 달리는 모습을 연상했다고 한다.

이이다바시 본점 6층, 건축부 기술지원 그룹 플로어에서 B주임, C주임이 K부장을 방문 중.

K부장 🐷 　I군과 J군이 정말 이것만으로 괜찮다고 했어?

B주임 🙂 　눈을 빛내면서 '이 섬세한 라인을 그대로 살린 채 실현 가능하다는 게 굉장하다!'라고 말할 정도였죠.

C주임 😠 　그건 제가 한 말인데요.

K부장 🐷 　으~음. 이렇게 가늘고 긴 다리라면 버티지 못할 텐데 말이야. '버클링'이 일어나서 말이지. 좀 더 생각을 짜낼 필요가 있어.

B주임 🙂 　버클링요?

K부장 🐷 　흠, 가령 샤프심을 엄지와 검지 사이

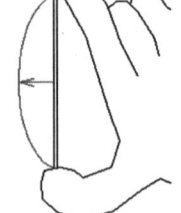

이런 변형이 일어나면 단숨에 붕괴까지 진행됩니다

에 세우고 위 아래로 힘을 줘서 부러뜨릴 수 있어?

B주임 물론 가능하겠죠. (해본다) 손가락에 박혀서 조금 아프 네요. 꽤 단단하네……. 에잇! 자, 봐요. 부러졌죠.

C주임 방금 마지막엔 구부러져서 부러졌네요.

K부장 그래, 그거야. 쉽게 말해 이렇게 가늘고 긴 물체는 위 아래로 똑바로 누르는 힘에도 무언가의 이유로 기울어 지는 일이 있어. 그렇게 되면 가운데 부분에 힘이 몰려 서 부러지게 되는 거지.

B주임 예. 꽤 잘 버텼지만 부러졌네요.

K부장 게다가 한 번 이런 변형이 일어나면 원인을 제거하지 않는 한 원상태로 돌아가지 않아. 이게 발생하기 시작 하면 복구 불가능한 변형이 일어나서 단숨에 붕괴되곤 하는데, 이 현상을 버클링이라고 하지. 특히 가늘고 긴 물체는 주의해야 돼. 이게 일어나면 계산상 충분히 버 틸 수 있을 것이라 생각했던 물체도 무너져버리니까 무섭지.

C주임 이번에도 성가신 문제로군요.

B주임 머리 아파.

K부장 기본적으로 가운데로 몰리는 힘을 억눌러주면 버클링 은 잘 안 일어나. 이 두 개의 교각 사이에 가로 들보를 놓는 게 가장 효과적이지만 형태가 변하는 건 안 된다 고 했던가?

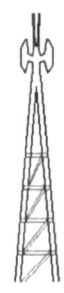
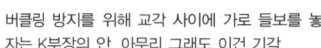
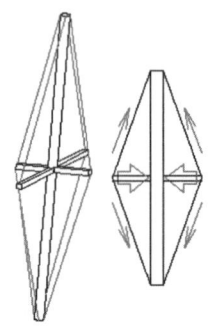

버클링 방지를 위해 교각 사이에 가로 들보를 놓자는 K부장의 안. 아무리 그래도 이건 기각

K부장의 와이어를 이용한 버클링 방지안. 와이어를 팽팽하게 당기면 돌출부에 힘이 걸리므로 기둥을 옆 방향으로 눌러주게 됩니다

C주임 발주자의 주문이라서요. 화면에 나오는 모습이 그렇게 되어 있는지라.

B주임 은하철도의 발차대가 송전선의 철탑처럼 변하는 것은 좀 심한 것 같다고 생각되는데요.

K부장 알았어. 확실히 가로 들보는 이번 물건과는 안 어울리는 것 같으니 이 방법은 피하도록 하지. 그럼 이런 방법도 있어.

C주임 이게 뭔가요?

K부장 기둥 중간점에 돌출부를 놓고 그곳에서 와이어를 뻗어서 상하로 잇는 거야. 이렇게 하면 옆방향의 변형을 억눌러 주니까 버클링이 잘 안 일어나지. 이 돌출부를 여러 곳에 설치하면 더욱 좋고 말이야.

B주임 하지만 왠지 이렇게 하면 와이어 때문에 시끄러울 것

조금 알아보기 힘들지만, 찾으셨나요?

같은데.

C주임 🎖 이것도 발주자의 판단 나름이로군요. 멀리서 보면 와이어는 거의 보이지 않으니까 이 안이라면 비교적 설정자료대로 되겠죠. 하지만 교각 두 개 사이에 들보를 놓는 안이 더 쉬우니 그걸 더 선호할지도 모르겠네요. 어찌됐건 우린 와이어안을 미는 방향으로 하죠.

B주임 🧒 뭐, 대체안으로 들보 쪽도 남겨두는 편이 좋겠지.

K부장 👹 어찌됐건 교각의 형태는 바꾸지 않고 기술만으로 대책을 세우자는 방법이니 말이야. 실은 다리를 좀 더 두껍고 튼튼하게 만드는 것이 가장 좋다고 생각하지만. 내 눈엔 기본사양이 그리 좋지 않은 자동차에 터보니 액티브 서스펜스니 4륜 토크 전자제어를 달아서 억지로

속도를 높이는 것처럼 보여.

C주임 😊 오? 마니아는 철도 마니아인 우리 부장님뿐인 줄 알았

는데 여기엔 자동차 마니아가 계셨네요.

산 넘어 산. 그리고 더 큰 문제가 판타지 영업부를 가

로막는다.

다음 장에선 PART.6 '레일 두 개의 행방'에 정차합

니다.

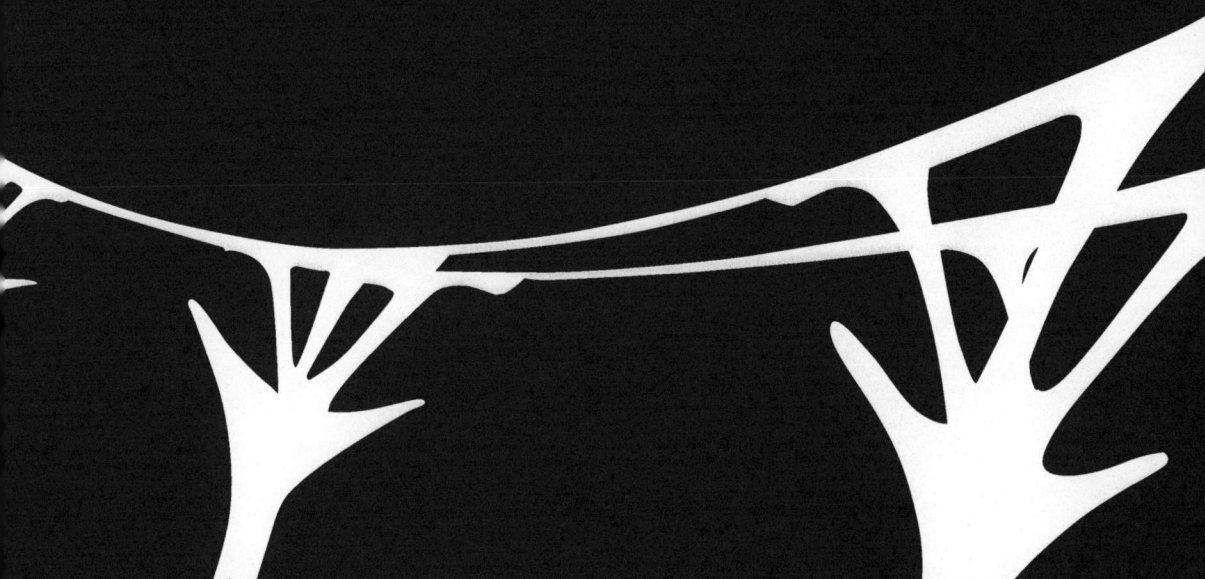

PART.6

레일 두 개의 행방

1 머지않은 미래

교각의 검토는 일단 종료. 드디어 위에 놓일 레일과 침목을 어떻게 만드느냐에 대해 고심하게 된 판타지 영업부의 일원들이었다.

판타지 영업부. A부장, B주임, C주임, D직원. 회의 중.

B주임 그러고 보니 옛날 우리 집에 999호의 승차권이 있었지.

C주임 어째서요? 어디서 샀나요?

B주임 동네 문방구 앞에 있는 뽑기에서. 은하철도999호의 승차권이라 비싸긴 비쌌어. 당시 뽑기 기계는 보통 한 번에 20엔이었는데 50엔쯤 한 것으로 기억나.

D직원 요즘 뽑기는 한 번에 2~300엔씩 하는데요.

B주임 그게 아냐. D군. 당첨과 꽝이 있어서, 당첨이라 쓰인 공이 나오면 가게 아줌마에게 가서 승차권과 바꾸는 방식이었어. 다만 그게 잘 안 나오지. 그런데 친구가 한

모두가 부러워하는 999호의 무기한 승차권

방에 뽑아버렸어.

C주임 으~음. 그러고 보니 있었던 것 같은 기억이 나네요. 전 가지고 있지 않지만.

B주임 지금 생각해보니 그건 운명적인 만남이었던 것 같아. 지금 이런 일을 하고 있으니. 이 발차용 선로가 완성된다면 드디어 그 승차권을 가지고 저 먼 별로 떠날 수 있는 거지. 동경하는 라메탈 행성으로.

C주임 그 승차권을 지금도 가지고 있는 겁니까? 이름은 쓰셨어요?

B주임 어딘가에 있을 거야. 그리고 이름은 받자마자 썼지.

D직원 써버리고 말았군요. 그럼 그 승차권은 이미 B주임 것이로군요.

C주임 B주임이라면 분명 좋은 나사가 될 겁니다.

B주임 그래, **M36**  정도로.

C주임 엄청나게 큰 볼트네요.

M36
볼트 규격을 가리킵니다. M36은 직경이 약 36mm. 토목공사에서도 이렇게 큰 것은 별로 안 씁니다. 사람의 힘으로는 조이는 것도 힘들죠.

B주임이 동경하는 라메탈 행성. 〈안녕, 은하철도999〉에서

B주임 그럼 조금 양보해서 M24쯤으로 할까? ……아니, 어째서 나사가 되는 걸로 확정된 거야!

D직원 999호의 행선지를 모른다고는 하지 않겠죠?

B주임 나사는 싫어. 기계 몸도 필요 없지만.

D직원 그럼 뭐 하러 가는 겁니까?

B주임 식당차에서 메텔이 '비프스테이크'라고 귓전에서 속삭이는 걸 듣고 싶어서.

C주임 어찌됐건 승차권을 찾아두지 않으면 안 되겠군요. 실물이 없으면 그 차장 양반은 안 태워주니까요. 은하철도 규칙은 엄격한지라.

D직원 기한은 없는 건가요?

B주임 무기한이야. 그건 기억나. 승차권에 똑똑히 쓰여 있었지.

A부장 아아, 그거라면 우리 집 아이도 가지고 있어. '죽을 때까지 유효. 까불지 마라'라는 것 말이지?

B · C · D 그건 아닙니다.

2 다리의 종류

B주임 교각은 겨우 바탕을 잡았지만 들보도 힘들겠어.

C주임 애당초 이쪽이 더 어렵다고 생각했는데, 교각만으로도 과제가 산더미 같으니 말이죠.

D직원 🙂 아무리 봐도 그 레일 만으로 기관차와 객차를 지탱할 수 있을 것으로는 안 보이는데요.

B주임 🙂 그렇긴 하지.

D직원 🙂 전에 레일을 팽팽하게 당겨서 줄타기를 하면 되지 않을까 하는 이야기를 했는데, 요즘 기술로는 완전히 불가능한가요?

C주임 👮 그 **스팬**(span) 🏷️이라면 교각 사이에 들보를 놓는 방법을 써야겠지. 이른바 **형교** 🏷️(桁橋 : girder bridge)인 거야. 다만, 들보만으로 지탱해야 하니 구조가 투박해지기 쉽다는 난점이 있어.

📖 스팬
교각과 교각의 사이.

📖 형교
교체가 들보로 된 다리

B주임 🙂 애당초 다리라는 것은 떨어져 있는 두 지점을 연결해서 건널 수 있게 하기 위해 만드는 것이니 긴 스팬을 놓는 경우가 많아. 그럴 때 들보가 두꺼워지지 않도록 이것저것 아이디어를 짜내야 하는 건 분명해.

D직원 🙂 들보를 얇게 하는 방법 중에 무언가 이번 물건에 쓸 만한 것은 없을까요?

B주임 🙂 가령 우리도 시공에 참가한 아카시 해협 대교는 2km에 가까운 스팬이 있지만 이건 현수교야. 먼저 와이어를 연결한 후 그것에 들보를 매다는 형식이지. 보기에는 롱 스팬이지만 들보 자체는 와이어에 매달아서 촘촘하게 지탱하게 되어 있어. 그래서 슬림하게 만들 수 있는 거지.

C주임 🎖 큰 다리 중에 유명한 거라면 요코하마 베이브리지가 **사장교**(斜張橋) 🪝로 만들어져 있어. 이름 그대로 와이어를 비스듬하게 펼쳐서 들보를 끌어올려 지탱하는 방법이지.

B주임 🙂 울 엄마는 교각이 쓰러지지 않도록 와이어로 지탱하는 것으로 생각하셨지만, 실은 그 반대야. 교각이 들보를 당기고 있는 거거든.

C주임 🎖 이런 건 들보를 매달아서 지탱하는 것이라 이번 물건처럼 교각이 들보 밑까지밖에 없는 형태에는 무리야.

D직원 🙂 그런가요?

B주임 🙂 반대로 들보를 밑에서 떠받치는 발상이라면 아치교(arch bridge)라는 방법이 있어. 아치 형태가 잘 무너지지 않는 원리를 이용해서 들보를 떠받치는 방법인데, 겉보기에 따라 크게 상로 아치교와 하로 아치교로 분류

🔲🔳 **사장교**
양쪽에 높이 세운 버팀 기둥에서 비스듬히 드리운 쇠줄로 다리 위의 도리를 지탱하게 만든 다리. 물의 흐름이 빠르고 수심이 깊은 곳에 놓습니다.

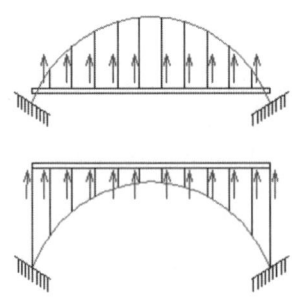

아치교를 외형상 크게 둘로 분류하면 (위) 하로 아치교와 (밑) 상로 아치교로 나눕니다. 아치 구조로 들보를 지탱합니다

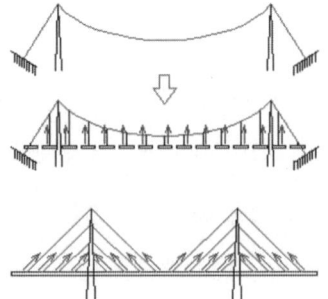

(위) 현수교와 (밑) 사장교. 들보를 끌어당겨 지탱합니다

되지. 하로 아치교라면 매다는 방식이 되지만 상로 아
치교라면 교각이 들보 밑에까지밖에 오지 않아도 돼.

D직원 그렇군요.

B주임 문제는 아치 근원에 힘이 집중되므로 그곳을 튼튼하게
만들어야 한다는 것과, 역시 외관이 작품속의 그것과
는 달라져버린다는 것이겠지.

D직원 일장일단이 있네요.

C주임 그 외에도 트러스교(truss bridge)라는 게 있어. 삼각형
을 쌓아 가면 쉽게 튼튼한 골격을 만들 수 있다는 방법
인데 이것도 형태에 특징이 있어서 쓰기 힘들겠지.

D직원 PC교(prestressed concrete bridge)는요?

B주임 그건 콘크리트 교각의 들보를 얇게 하기 위한 방법인
데, 이번 물건은 콘크리트를 못 쓰니까.

D직원 어렵군요.

③ 일반적인 형교(桁橋)로 계산할 경우

B주임 그런 이유로, 가장 작품에 충실한 것이라면 아마 형교
야. 하지만 이 방식이라면 꽤 투박해질 거라는 걸 쉽게
상상할 수 있겠지. 세밀하게 검토하기 전에 대충 윤곽
을 잡아보는 것도 중요하니, 우선 들보로 계산해볼까?

어? D군, 왜 웃는 거야?

D직원 🙂 웃는 게 아니라 암담해서 그래요. 그나저나 계산해야 되나요? 성가실 것 같은데.

C주임 😊 **어림계산**이니까 조건을 최대한 간단하게 바꾸어서 수치만 대충 보면 돼. 스팬은 얼마를 잡았지?

D직원 🙂 열차 한 량 정도의 길이였기에, 대충 20m로 잡았습니다.

B주임 😊 999호는 기관차가 가장 무겁다고 했지? 설정자료엔 얼마로 나와 있어?

D직원 🙂 210t이요.

B주임 😊 이걸 아주 간단하게 생각해서 **분포하중**(分布荷重)으로 해볼까? 고로 요런 형태의 들보 문제를 풀면 되는 셈이야.

D직원 🙂 우와, 전 **구조역학**(構造力學, structural mechanics)에 약하다고요.

B주임 😊 중요한 거니까 성가셔 하지 말고 잘 풀어봐. 그 동안 정답은 구조역학 공식집에서 보고 있을 테니.

D직원 🙂 에이, 공식이 이미 있는 거였잖아요.

B주임 😊 세상사가 다 그렇지 뭐. 음~ 팔랑 팔랑 팔랑. **휨모멘트**의 최대치는 210t 곱하기 20m 나누기 8이야. 계산기 있어?

D직원 🙂 그 정도라면 직접 할 수 있어요. 음, 5250kN · m이네

⚠️ 어림계산
개념을 잡기 위해 대략적으로 계산한다는 뜻.

⚠️ 분포하중
하중에 대한 사고방식 중 하나. 실제로는 열차의 하중이 차륜과 접촉한 부분에만 집중해서 걸립니다만, 간단하게 계산하기 위해 전면에 동등하게 분포되어 걸리는 것으로 가정했음. 차륜 숫자가 많으면 이러한 가정에 가까운 상황이 됩니다.

⚠️ 구조역학
어떠한 구조물에 외부 힘이 가해지면 구조물 내부가 어떤 힘을 받아 어떻게 변형하는지를 역학의 일반원리를 이용하여 밝혀내는 응용역학의 한 분야.

⚠️ 휨모멘트
들보가 무게로 인해 휘어질 때 들보에 걸리는 힘. 이게 크면 들보를 튼튼하게 만들어야 합니다. 참고로 길이 L인 단순 들보에 등분포하중 q가 걸릴 때 최대의 휨모멘트는 중심 위치에 발생하며 그 수치는 $qL^2/8$이 됩니다.

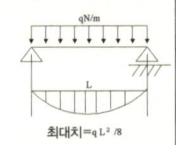

최대치=$q L^2 /8$

요. 이걸 어떻게 하면 되죠?

B주임 **빨간 책**에 강재의 **단면계수**(斷面係數)가 나와 있을 테니 그것을 가지고 적합한 H강을 찾아주지 않겠어? 레일은 두 개 있으니까 들보도 두 개라 생각하면 될 거야.

(D군, 잠시 계산중)

D직원 나왔습니다. 평범한 H강으론 아무리 두꺼운 거라도 아슬아슬하게 안 되네요. 특수한 압연방법으로 제조된 엄청 두꺼운 H강이 있는데 그거라면 들보 높이 600mm 정도의 것으로 두 개 필요합니다. 다만 옆에 단서가 달려있는데, 항상 제조하는 것이 아니므로 사전에 연락을 달라고 하네요.

C주임 주문 생산이로군. 역시 항상 수요가 있는 건 아닌가 봐.

D직원 이건 레일 대신 쓰기엔 너무 두껍지 않나요?

B주임 조금만 더 두꺼우면 모노레일이라 불러도 되겠어.

C주임 확실히 레일 대신 직접 쓰기에는 밸런스가 안 좋네. 침목 안에 넣는 건 어떨까? 이렇게 그림으로 그려보면 알겠지?

D직원 아아, 이 침목이 따로따로 떨어져 있는 것이 아니라 H강으로 연결되어 있는 거네요. 이번 물건에서 침목은 선로의

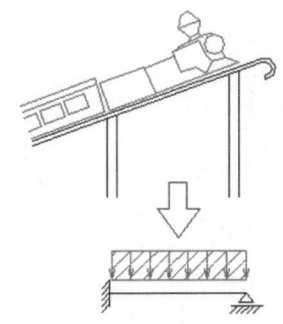

들보를 가장 간략화해서 생각하면 이런 구조역학 문제가 됩니다

> **빨간 책**
> 같은 토목업계에서도 장르에 따라 각각 '빨간 책'이라 부르는 것이 다릅니다만 이 경우 강재표(鋼材表)를 말합니다. 신일본제철의 '건설용 자재 핸드북'의 표지가 빨간 색이었기에 이렇게 불립니다. 지금은 CD-ROM으로 판매되고 있지만요.

> **단면계수**
> 들보의 휨모멘트에 대한 저항의 크기를 나타내는 지표. 들보 단면의 치수와 형상에 의해 결정됩니다. 일반적으로 H강, I빔 등으로 불리는, 단면이 알파벳 H와 I 형태를 한 것이 가볍고 단면계수가 큰 형상입니다.

게이지를 유지하기 위한 목적으로밖에 안 쓰이고 있으니, 역할을 하나 더 부여하면 존재의의도 확 늘어나겠죠.

C주임 😤 응. 다만 극장판 2편처럼 무너져 내리진 않겠지만.

B주임 🙂 그렇군. 그게 있었나. 어느 장면의 재현을 우선시할지 결정해야겠어. 역시 멀리서 보아 OK라면 괜찮지 않을까?

C주임 😤 제끼는 겁니까?

B주임 🙂 제끼는 거지. 이크, 가장 엄격한 철도통인 부장님의 의견을 들어봐야겠네. 부장님, 어떤가요?

A부장 😰 일반적인 형교 방식으로 만들면 최소한 이런 이미지가 된다는 것으로 생각하면 되지 않겠어? 다만 이것을 출발점으로 좀 더 가늘게 해서 궁극적으론 작품에 나오는 것처럼 레일만으로 구성되도록 노력해야겠지.

B주임 🙂 어디까지나 최대한 영상에 충실하게 만들자는 거군요.

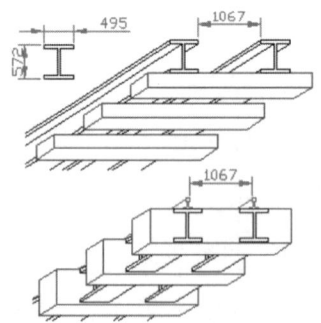

(위) 들보를 그대로 레일로 쓰면 너무 투박해집니다.(게이지=1067mm)
(아래) 들보를 침목 안에 넣을 경우 침목이 다소 두꺼워집니다

A부장 음, 새로운 방식을 도입하려면 힘들겠지만 잘들 해봐.

D직원 이건 시공할 때 20m H강을 교각 사이에 촘촘히 설치해가면 되는 건가요?

B주임 교각을 세울 때 크레인을 이용할 테니 그것을 쓰면 일괄시공이 가능하겠어.

C주임 저기요, 여러 개를 연결하는 방식이라면 999호가 달릴 때 들보의 휨이 줄어드니 좀 더 긴 치수로 하고 싶은데요.

B주임 그럼 통상적인 크레인을 쓸 게 아니라 에메랄다스에게 부탁해서 배로 확 끌어올려달라고 해.

D직원 캡틴 하록의 아르카디아 호에 남자들이 많으니 그쪽이 더 좋지 않나요?

B주임 그럼 리시버로 내가 신호할게. 그쪽 오퍼레이터는 유키 케이 씨니까.

D직원 결국 여자에게 약한 거네요.

B주임 뭐라고?

D직원 아뇨, 다들 공사용 헬멧을 쓰는 건가 해서요. 케이 씨나 캡틴 하록도.

C주임 어울릴 만한 사람은 부함장 정도겠죠.

A부장 이봐, 시공에는 이쪽 세계의 건설기계밖에 못쓰게 되어 있어.

B주임 음~ 그렇다면 밑에서 쭉 올려 보내서 걸도록 할까?

D직원   긴 치수라고 해도, 공장에서 운반할 때 그 치수 그대로
　　　　　는 못 가져와요.

C주임   현장에서 용접하는 수밖에 없군. 이음새에 X선 탐사가
　　　　　필요하겠어.

D직원   그게 뭔가요?

C주임   용접부에 빈틈이 있는지 X선으로 사진을 찍어서 확인
　　　　　하는 검사 방법이야.

D직원   인체 말고 그런 곳에도 쓰이는군요.

B주임   메텔이 생체 몸인지 어떤지 확인하는데도 쓰였지.

C주임   극장판 1편의 **안타레스** 같은 말씀을 하시네요.

B주임   그게 정말 뢴트겐 같은 것이라면 꽤 오랜 시간 X선을
　　　　　쬔 셈이니, 생체 몸이라면 오히려 엄청 위험한 장치였
　　　　　을 거야.

안타레스
철이의 기나긴 우주여행의 첫 번째 정착역인 행성 타이탄에서 등장한 대도적. 기계문명에 맞서는 게릴라들이었기에 메텔을 납치하여 생체 몸인지를 확인함.

과연 레일과 침목뿐인 선로에 어디까지 도달할 수 있
을 것인가? 은하철도 최대의 난관에 도전합니다.
다음 장에선 PART.7 '타이트로프를 노려라'에 정차하
겠습니다.

1 줄타기가 가능한가?

레일과 침목은 평범하게 만들면 너무 두꺼워지므로 슬
림화 방법을 재고하는 판타지 영업부의 일원들이었다.

판타지 영업부, D군이 복귀한다.

B주임 어, D군 수고했어. 오늘은 신입사원 연수였던가? 뭘
배우고 왔어?

D직원 전 트레이너라서 그룹 워킹의 상담을 맡았어요.

A부장 D군도 벌써 2년차 선배인가. 뭐, 우리 부서는 변함없
이 이 네 사람이지만. 그런데 올해 신입사원은 어땠나?

D직원 트레이너의 자기소개 때 물어보았는데 판타지 영업부
를 모르는 사람이 한 명 있더군요.

C주임 뭣? 아는 사람이 한 사람 밖에 없었어?

D직원 반대예요. 한 사람 빼곤 죄다 알고 있더군요.

B주임 C군, 모두들 자신이 입사하는 회사에 대해 그렇게 무
관심하진 않다고.

C주임 우와, 사실이라면 정말 기쁘네요.

D직원 몰랐던 한 사람에게도 가르쳐 주었으니 이제 완벽합니
다. 하지만 다들 판타지 영업부가 있어서 이 회사에 입
사하려고 한 것은 아니었던 것 같더군요.

B주임 뭐, 그야 그렇겠지.

A부장, B주임, C주임, D직원, 회의 중.

D직원 이상적인 것은 가느다란 레일만 두 개 걸려 있고, 그 위를 999호가 달려가는 건데요.

C주임 작품 세계에선 완전히 그런 이미지였지.

D직원 만약 그렇다고 하면 현실적으로 문제가 되는 건 무엇인가요?

C주임 그렇게 가느다란 레일 위를 999호가 달리면 레일이 휜다는 거야. 기본적으로 들보와는 달리 강성이 낮은 레일이라 하중이 걸리면 크게 휠 수밖에 없어. 게다가 스팬이 20m로 기니까 더 문제지. 서커스에서 외줄타기를 하는 거나 마찬가지야.

B주임 D군, 스키장에서 리프트를 탄 적 있지? 리프트도 기둥과 기둥이 와이어로 연결되어 있어서 비슷하게 휘는 모습을 보여주는데, 덜컹덜컹 이동하다 기둥이 있는 곳까지 오면 반동 때문에 덜컥 뜨는 듯한 탑승감을 느끼게 되잖아.

D직원 그러니 빨라지면 충격으로 차륜이 붕 떠버릴 것 같군요. 탈선의 우려가 생길지도…….

B주임 와이어를 팽팽하게 당기면 휨은 줄일 수 있지만, 제로

에 가까워지더라도 휨은 작게나마 반드시 발생해서 제
로가 되지는 않아. 게다가 999호는 엄청 무거우니 상
당한 힘으로 당기지 않으면 반동이 일어날 수 있어.

C주임 그리고 잡아당기는 것에도 문제가 있는데, 당겨온 끝
자락을 결국 마지막 교각에 연결해야 하잖아.

D직원 그렇겠죠.

C주임 그렇게 하면 교각의 키가 큰 만큼 지레의 원리로 교각
밑동에도 엄청난 힘이 걸리게 돼. 따라서 무너지지 않
게 하려면 마지막 교각은 굉장히 튼튼하게 설계해야
하지.

D직원 교각은 전부 같은 크기로 만들고 싶은데요.

B주임 오오, 좋은 게 생각났다.

C주임 마지막 하나를 굵게 하지 않는 방법인가요?

B주임 C군은 건축학과 출신이라 모를지도
모르겠지만 토목공학과에선 교각 디
자인 수업에서 스페인의 알라미요 교
라는 걸 보여줘. 건축가 칼라트 라바
가 디자인한 사장교의 일종인데, 교
각이 기울어져 있어서 그 쓰러지는
힘이 와이어를 잡아당겨서 들보를 끌
어올리는 거지.

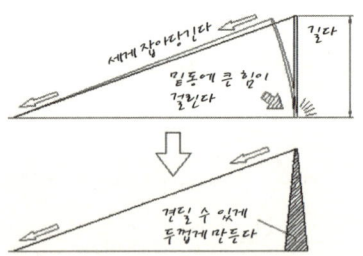

교각 위를 레일로만 구성해서 팽팽하게 잡아당긴다고
한다면 마지막 교각에 큰 힘이 걸리게 됩니다

D직원 아, 슬라이드로 본 적이 있는 것도 같아요.

B주임 🍄 보통 사장교라는 건 양쪽에서 와이어를 당기지 않으면 힘의 균형이 잡히지 않지만 이건 한쪽에만 걸어두어서 굉장히 진귀한 케이스지.

D직원 😊 그렇군요. 이번 999호의 발차대도 마지막 하나만을 기울여두면 자중으로 와이어를 당기는 형태가 되니 슬림하게 만들 수 있겠네요.

C주임 😎 잠깐만요. 나란히 세워진 교각인데 마지막 하나만을 기울이는 건 좀 이상하지 않나요?

B주임 🍄 이상한가?

C주임 😎 자중을 잡아당기는 힘으로 바꾸려면 꽤 기울여야 하는 것 아닌가요? 그렇다면 외관상 마지막 하나만 크게 기울어져 있는 게 확연해질 겁니다. 그것도 역시 영상에

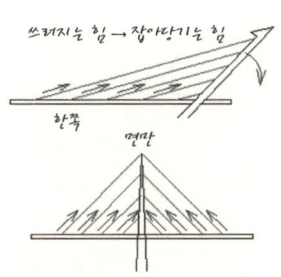

(위) 알라미요 교의 개요. 교각이 기울어져 있어서 쓰러지는 힘으로 와이어를 당기는 힘과 균형을 맞춘 고도의 기술입니다
(밑) 통상적인 사장교. 양쪽에서 당기는 힘에 의해 좌우 균형을 맞춥니다

스페인 알라미요 교
쿠라니시 시게루 토호쿠 대학 명예교수 HP의 '교량 100선'에서 발췌
http://www.civil.tohoku.ac.jp/~sugawara/kura100.htm

나오는 교각과는 달라요.

A부장 ⚫ 전부 기울이면 되지 않을까?

C주임 ⚫ 아니, 그것도 이상해요. 게다가 눈의 착각일지 모르지만 기울기가 좀 더 급해 보입니다.

B주임 ⚫ 그럼 마지막 하나를 두껍게 만드는 수밖에 없는 것 같네. 이게 최대의 난관이로군.

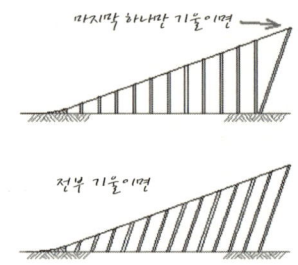

A부장 ⚫ 줄타기는 디자인 상의 제약으로 실현 불가능한 것 같으니 지금 우리들이 할 수 있는 최선책을 생각해야겠어.

(위) 마지막 하나만을 기울이면 확연히 형태가 바뀌고 맙니다
(아래) 전부 기울여도 멀리서 보면 기울어져 있는 것을 알 수 있는 각도이기에 이미지와 달라집니다

2 현존하는 들보를 어떻게든 슬림화 해보자

C주임 ⚫ 그럼 맨 처음 계산했던 H강 들보를 어떻게 소형화해서 레일 밑에 넣느냐는 문제가 되네요.

A부장 ⚫ 실제로 자주 쓰이는 다리의 보강 방법으로 보강블록을 끼우는 방식이 있어.

D직원 ⚫ 보강블록? 그게 뭔가요?

A부장 ⚫ 들보 중앙에 블록을 넣어서 들보 양쪽에서 와이어로 당기는 거지. 그렇게 하면 중앙부를 아래쪽에서 받쳐

주게 돼.

C주임 😠 어? 이건 교각의 버클링 방지 때 배운 보강법과 같네요. 신개선문의 엘리베이터 샤프트 보강에 쓰였던 그 방법이요.

A부장 😊 그래, 맞아. 다만 이쪽은 그것보다 훨씬 규모가 커. 지탱하는 힘이 전혀 다르니 말이야.

C주임 😠 그럼 역시 표가 나겠네요.

B주임 😊 버클링 방지용은 멀리서 보면 잘 안 보이니 괜찮았지만 이건 안 돼요, 부장님. 아름답지 않은 것에도 정도가 있지.

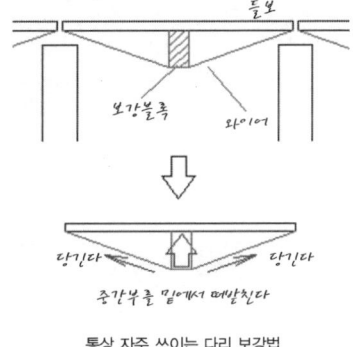

통상 자주 쓰이는 다리 보강법

D직원 😊 B주임님, 이번엔 저에게 좋은 생각이 떠올랐어요.

B주임 😊 뭐야? 갑자기.

D직원 😊 투명한 자재로 만들면 되는 겁니다.

B주임 😊 거 참 단순명쾌한 눈속임이로군.

C주임 😠 으음, 확실히 고층빌딩 등에선 강화유리를 구조부재로 쓰곤 하지. 투명한 자재가 없는 건 아니지만 그렇다고 완전히 안 보이느냐 하면 그건 또 아니야. 오히려 햇빛에 반사되어 더 눈에 띌 수도 있고.

B주임 😊 하늘색으로 칠해서 안 보이게 하자는 의견보다는 괜찮

앉어, D군.

D직원 👦 그건 차선책으로 생각하고 있었는데요.

B주임 👧 흐린 날엔 어떻게 하려고?

C주임 👮 맑은 날에도 역광으로 인한 실루엣 때문에 감출 수 없을 테고요.

B주임 👧 여하튼 부장님, 아이디어로선 구체적이고 실현성이 높지만 이것도 디자인 문제로 안 되겠어요.

3 조금 무리해서 좋은 재료를 써보자

A부장 👨 들보를 슬림화 하려면 통상적인 철보다 튼튼한 소재를 써야 할 거야. 주행거리가 300m 정도로 짧은 구간이기도 하니 가능하겠지.

B주임 👧 모든 선로를 그렇게 하면 돈이 어마어마하게 들어 안 되지만 짧은 구간이라 괜찮다는 거군요.

A부장 👨 물론이야. 그리고 이건 모처럼 작품상의 설정이 우리에게 유리하게 작용하기도 해. 보통 철도 부재에 새로운 소재를 쓴다고 하면 반드시 **반복하중**🔎의 영향을 먼저 확인해야 하지만, 이 발차대는 사용 빈도가 극단적으로 적으니 그건 생각하지 않아도 되겠지.

> 🔎 **반복하중**
> 커다란 하중이 되풀이해서 걸리면 부재가 점점 약해져버리는 현상. 항공기 사고의 원인이라 일컬어지는 '금속피로'라는 말을 들어보신 적 있는지. 실제로 하중을 반복해서는 실험으로 확인해볼 필요가 있습니다.

B주임 👧 1년에 한 번이니, 100년이라도 100번 밖에 안 쓰는 거

니 말이죠. 도심 전철 같은 건 하루에 200번 가까이 지나기도 하는데.

D직원 자릿수의 차원이 다르네요.

B주임 그나저나 지구에 오는 건 1년에 한 번이라고 우리들끼리 멋대로 단정하긴 했지만 TV판이 100화 이상 방송된 걸 보면 편도로 2년은 걸리는 걸지 몰라. 맨 처음 나오는 별에선 느긋하게 **2주일이나 정차하기도 했고**✎.

C주임 정차시간은 그 별 하루분의 시간을 기준으로 하니 말이죠. 그러고도 일정에 맞추는 것이 기적일지도 모르겠지만.

B주임 D군, 나중에 정차시간을 전부 합산해보도록 해. 그나저나 오히려 999호 이외의 열차가 사용할 가능성도 있겠어. 전에 부장님도 말씀하셨지만.

C주임 그렇군요. 지구에서 사용하는 은하철도의 노선은 설정자료를 다시 검토해서 확인해볼게요. 하지만 철도치곤 사용빈도가 극단적으로 적은 건 분명할 겁니다.

D직원 가는 데 1년 내지 2년이 걸린다고 하면 당연히 돌아오는 데도 같은 시간이 걸린다는 말이겠죠?

C주임 극장판 1편에선 마지막에 지구로 귀환하는데, 그냥 바로 돌아옵니다.

B주임 돌아올 땐 워프(순간이동)나 쓰라고 해. 어차피 메텔도 클레아도 없는 999호에는 볼 일 없으니.

> **2주일이나 정차하기도 했고**
> 제3화 '타이탄의 잠든 전사'. 토성의 위성 타이탄에서 정차한 시간은 16일. 그 뒤로는 무슨 까닭인지 그렇게 정차시간이 긴 별은 등장하지 않습니다.

D직원 그건 B주임이 은하철도 주식회사의 대주주가 된 후에 말씀하세요. 그리고 워프가 가능하긴 한가요?

B주임 하는 걸 봤어. 게다가 열차 지연을 만회하기 위해서라면서 쓰더군.

D직원 그 말을 들으니 왠지 근본적인 무언가가 무너져 내리는 듯한 기분이네요.

C주임 이야기를 되돌리죠. 고강도 강재를 쓰면 어떻게 될까요?

B주임 지금 실용화 된 가장 최고급의 재질이 **80kg 클래스 (780N/mm²)** 이야. 다만 이 재료로 H강 제품은 만들고 있지 않으니 직접 철판 용접해야 돼.

C주임 재료가 특수한데다 가공도 번거로우니 특주(特注) 가격이 될 것 같군요.

> **80kg 클래스 (780N/mm²)**
> 인장강도를 등급으로 표현한 것. 범용으로 쓰이는 것은 400N/mm², 490N/mm²이므로 두 배 가까이 강한 셈입니다.

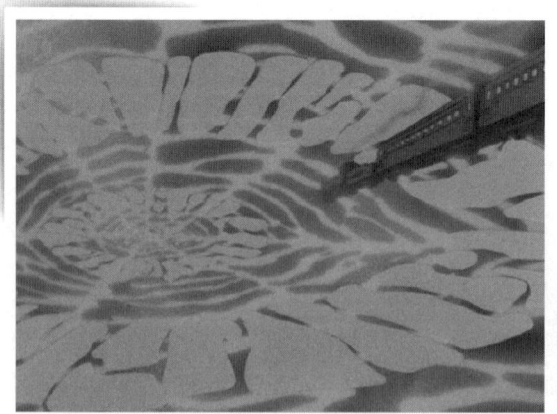

TV판 109화 '메텔의 여행(전편)'에서 발췌. 워프 중에 차원이 교차하며 다른 세계에서 워프 중이었던 다른 999호와 만나는 이야기였습니다

B주임 자 D군, 이것으로 다시 한 번 계산해줄래?

(D군, 잠시 계산)

D직원 나왔습니다. 들보 높이가 360mm. 전보다 20cm나 작아졌네요.

C주임 360mm라. 침목 안에 아슬아슬하게 안 들어가네.

B주임 아니, 이 정도면 충분해. 쭉 생각했던 것인데, 교각과 레일 접합부에도 들보를 감출 수 있잖아.

C주임 이쯤 되면 영상에 나오는 그것과 꽤 흡사하네요.

A부장 레일 밑에 레일과 수평으로 부재를 넣고 침목은 그 폭을 유지하는 방식이니까 약간 다르다고 하면 다르지만, 방송 당시로부터 25년 이상 지난 오늘날 래더 침목이 토목기술로 충분히 실용화되었다는 것을 감안하면 이런 것도 굉장히 현실감이 느껴지는군.

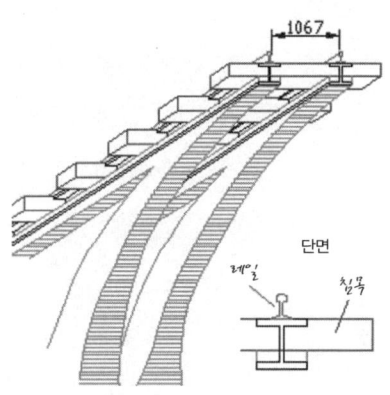

교각이 침목을 떠받치는 부분 안에도 들보를 감출 수 있다

C주임 그런가요? 다만 한 가지 맘에 걸리는 게 있는데, 이렇게 가늘게 만들면 아무리 들보라고 해도 휨이 커지지 않을는지.

B주임 그렇진 않아. 재료의 강도를 올렸다는 말은 휨이 심해도 문제없는 재료라는 뜻이니까. D군, 휘는 정도도 약식으로 한번 계산해볼래?

(D군, 묵묵히 다시 계산)

D직원 나왔습니다. 25cm네요.

B주임 우와, 굉장하네.

D직원 가늘기도 하고 이렇게나 휘는 정도도 크게 나오는 걸 보니, 들보를 쓰긴 했지만 결과적으론 역시 줄타기의 이미지에 가까운 것이 되네요.

C주임 보통 철도에선 생각할 수 없을 만큼 가라앉아 버리네요. 어떡하죠?

A부장 아예 처음부터 위쪽으로 구부정하게 만들어놓아서 그 위로 물체가 지나갈 때 똑바로 펴지도록 하는 방법도 있어. 이번 공사는 H강 기성품을 안 쓰고 철판 단계부터 가공해야 되니까 그때 그런 식으로 만드는 것도 가능하지 않을까? 20m 스팬에 25cm 잖아. 완전히 억제

(왼쪽) 래더 침목의 기본 구조, (오른쪽) JR 홋카이도 가쿠엔토시 선
ⓒ財團法人 鉄道総合技術研究所

할 수 없을진 모르지만 다소 가라앉는 느낌이 있다 해도 정도의 문제겠지.

C주임 너무 억지로 위로 휘어 놓으면 **금대교**(錦帶橋)처럼 되어버리니 말이죠.

B주임 그래. 이번엔 위쪽으로 튀어서 덜컹거리는 승차감일 거야.

D직원 어째서요?

B주임 승차감이라고 했지만 선로가 20도나 기울어져 있어서, 진행 방향과 반대쪽으로 앉아 있는 메텔은 미끄러지지 않기 위해 안간힘을 쓰고 있을 터이니 그런 걸 느낄 겨를도 없을 거야.

B주임이 메텔의 우아함에 흠집이 나는 사태를 걱정하고 있는 사이에 시공 방법 검토가 시작되었습니다. 그리고 사용할 기계를 위해 F과장이 재등장.
다음 장은 PART.8 '스펙 해답'에 정차합니다.

금대교
일본 야마구치 현 이와쿠니 시에 있는 목조 아치교. 일본의 3대 명교(名橋)이자 3대 기교(奇橋)로 손꼽히고 있으며, 명승지로 지정되어 있습니다.

이 프로젝트를 진행함에 있어서 규칙을 정했습니다

〈은하철도999〉의 발차대를 만들기 위해 작품을 다시 보다가 여러 가지 장면이 나오는 것을 재발견했습니다. 본문에도 썼습니다만 TV판과 극장판은 역의 홈이나 교각의 장식 형태가 다르고, 라메탈 행성에도 완전히 같은 형상의 교각이 쓰이고 있다는 것 등을요.

여러 장면에서 각각 저희들에게 유리한 설정만을 골라버리면 시공은 간단해집니다. 또한 작중에 나오는 표현을 작위적으로 저희들에게 유리하게 해석하는 것도 가능합니다. 하지만 그랬다간 이 프로젝트 자체의 공정성이 떨어지고 맙니다. 따라서 이번 일을 진행함에 있어서 다음 네 가지 규칙을 설정하여 그에 따르기로 했습니다.

* * *

(1) 투명한 재료는 쓰지 않는다

어찌됐건 교각과 레일이 가늘어야 한다는 요구조건을 어떻게 충족시키느냐가 본 프로젝트의 포인트가 되고 있습니다. 부재로 보강되어 있지만 투명해서 안 보인다고 해버리면 설계가 엄청 쉬워집니다. 작품의 세계관에서 은하철도가 레일이 끊긴 후로는 보이지 않는 궤도 위를 달린다고 해석할 수도 있고, 또한 클레아 씨의 몸 같은 크리스털 계열 물질이 존재하기도 합니다. 따라서 유리처럼 투명하고 때가 잘 타지 않으며 강도도 센, 그런 재료를 쓴다고 해도 아무런 모순도 없는 셈입니다. 그렇게 하면 별 어려움 없이 999호의 발차대를 만들 수 있겠지요. 그러나 잘 생각해보십시오. 최종적으론 견적을 내야하는데 그 크리스

털 재료의 가격은 얼마나 될까요? 미지의 재료는 가격도 미지입니다.

현실에 있는 재료를 써서 만들어야 한다는 것. 그것을 첫 번째 규칙으로 삼았습니다.

* * *

(2) 캡틴 하록의 아르카디아 호를 크레인 대신 쓰지 않는다

마츠모토 레이지 선생의 여러 작품군의 매력중 하나로 전혀 다른 작품이 때때로 크로스오버(cross over)된다는 것을 들 수 있습니다. 예를 들어 〈은하철도 999〉에는 캡틴 하록이 등장하여 팬을 기쁘게 했습니다. 따라서 이번 발차대 공사 중에 아르카디아 호가 돌연 나타나서 도와준다고 해도 세계관으로선 이상하지 않습니다. 대형 크레인 대신 무거운 물체를 들어 올려준다면 그보다 도움이 되는 일은 없을 겁니다. 게다가 친구를 위해 무료로 말이죠. 하지만 다시 한 번 잘 생각해보십시오. 발차대의 견적을 내려고 하는데 부분적으로 친구의 도움으로 절감된 비용이 들어 있어도 되는 걸까요?

건설기계도 현실에 있는 것을 써야 한다는 것. 그것을 두 번째 규칙으로 삼았습니다.

그 외에도 마츠모토 선생의 작품 〈행성로봇 당가도A〉에 등장하는 당가도A의 신장이 200m이므로 약 100m인 이 교각을 세우는 데 실로 이용하기 좋은 크기였습니다만, 그것도 같은 이유로 기각했습니다.

* * *

(3) TV판과 극장판 1, 2편만을 참고한다

여러 가지 작품이 교차되는 현상 때문에 파생된 또 한 가지.

만약 검토를 한 후에 다른 설정이 발견되어 그것이 본 프로젝트의 내용과 맞지 않는 내용이라고 한다면, 어느 쪽을 따라야 할지 작품 분석부터 다시 시작해야 합니다. 마츠모토 선생의 방대한 작품들 전부를 살펴서 〈은하철도999〉의 캐릭터가 한 컷이라도 등장하여 기존 설정과 다른 발언을 하지는 않았는지 체크해야 한다면 엄청난 노력이 소요될 겁니다. 또한 선생 자신이 현재도 창작활동을 계속 중이신 까닭에 앞으로 발표되는 모든 작품에 대해서도 불일치가 일어나지 않도록 해야 하는데, 그건 불가능합니다.

따라서 재현하는 설정의 범위를 한정짓기로 했습니다. 그래서 〈은하철도999〉라고 했을 때 공통적으로 떠올리기 쉬운 것으로 생각되는 TV판과 극장판 1, 2편만을 대상으로 하기로 했습니다. 그것이 세 번째 규칙입니다.

* * *

(4) 지구상의 설정만을 참고한다

극장판 2편에 나오는 라메탈 행성의 교각이 지구의 그것과 같은 형상을 하고 있다는 것은 앞에서도 기술했습니다. 그 외에도 발착륙에 발차대를 쓰는 장면은 작품 내의 여러 별에서 나옵니다. 그렇다면 발차대는 우주 통일 규격이기에 같은 형상, 같은 공법, 같은 품질로 제조되어야 하는 걸까요? 그건 꽤 어려운 주문입니다. TV판 2화 '화성의 붉은 바람'에서 정차한 화성조차 지구 바로 옆에 있는 별임에도 중력, 온도, 대기성분, 자연현상 등 조건이 완전히 다릅니다.

지구상에 짓는 것을 염두에 두고, 지구에서 발차하는 장면만을 참고로 검토한다는 것. 그것을 네 번째 규칙으로 삼았습니다.

* * *

이상의 네 가지 규칙을 독자 여러분께서도 납득해주시면 기쁘겠습니다.

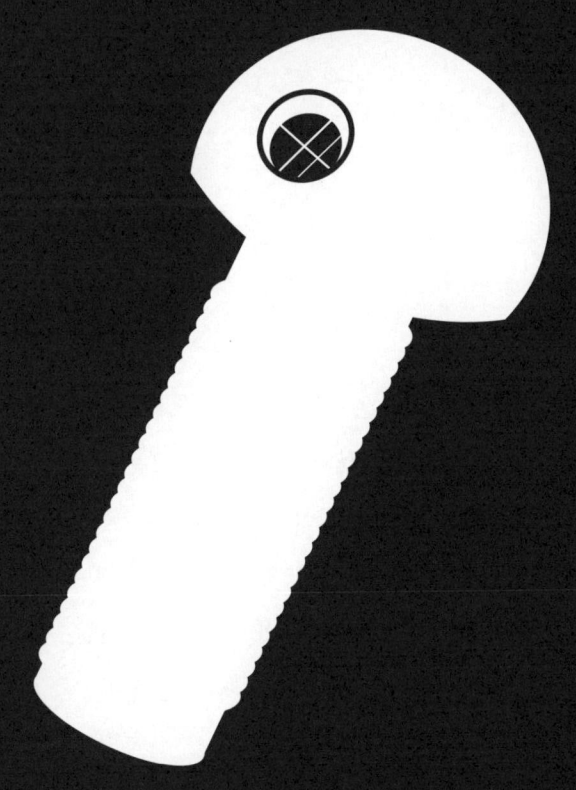

1 기계 그룹으로

시공 기계에 대해 기계 그룹에 문의하러 온 B주임과 C
주임. 응대해주신 분은 Project 01 마징가 Z편에서도
신세를 진 바 있는 F과장이셨다.

F 과장

본점 이이다바시 토목부 기계 그룹 소속(당시).
'Project 01: 마징가Z 지하기지를 건설하라!'에 이어
이번에도 등장. 건설 기계에 대한 것이라면 맡겨달라
는 믿음직한 존재. C주임과는 전에 같은 현장에서 일
한 사이로 좋은 형님 격. 기계 전문가라서 그런지 은
하철도999의 기차 본체에 꽤 흥미가 있는 모양. 그러
나 당연히 그쪽은 검토에 포함되지 않았다.

기계 그룹 회의석상에서. 기계 그룹 F과장에게 B주임
과 C주임이 질문 중.

F과장 🤖 이번에 D군은 안 온 건가? 그나저나 자네들은 매년 이
시기만 되면 골치 아픈 문제를 들고 오는군.

B주임 🍄 계절의 풍물시인 거죠. **야마시타 타츠로**🔊는 겨울의 대
명사, '기계 그룹 회의'는 5월의 대명사인 겁니다.

F과장 🤖 이게 무슨 샐러리맨 풍물시도 아니고, 대관절 '기계 그
룹 회의'라는 말은 전혀 멋대가리가 없잖아.

C주임 👮 여하튼 잘 부탁드립니다.

> 🔊 **야마시타 타츠로**
> **(山下達朗)**
> 일본의 싱어송라이터. 작
> 곡가, 편곡자, 음악 프로
> 듀서. 그의 대표곡 중 하
> 나인 '크리스마스 이브'의
> 영향 때문인지 하이쿠(일
> 본 단시)에서 그의 이름
> 이 겨울의 대명사처럼 쓰
> 이곤 합니다.

F과장   C군. 여기선 시구를 읊는 정도의 집착은 보여주었어야지.

B주임   F과장님은 〈은하철도999〉를 보신 적 있으신지? TV나 영화로요.

F과장   전혀 안 봤어. 하지만 어떻게 생긴 건지는 대충 알지. 이유는 모르지만.

B주임   유명한 작품이라 어딘가에서 본 것이겠죠.

F과장   아, 생각났다. 어릴 때 친구가 999호의 레일이라면서 책을 차곡차곡 쌓아놓고 'N게이지'(장난감 기차의 브랜드명)로 재현해 보여서 그랬어!

B주임   어떻게 되었나요?

F과장   기관차가 경사를 오르지 못하고 공회전하다가 불꽃이 일어나더니 모터가 망가졌지.

B주임   그거 충격이었겠네요. N게이지는 굉장히 비싼 건데. 하지만 실제로 그런 일이 벌어지면 큰일일 텐데요.

F과장   이 교각의 기울기는 몇 도나 되지? **핀랙**은 달려 있겠지?

C주임   20도 정도입니다. 하지만 화면에선 핀랙용 레일이 보이지 않았기에 일단 평범한 레일로 만들어져 있고, 대신 기관차가 무언가 굉장한 힘으로 올라가는 것으로 해석했네요.

F과장   증기기관차 아니었나?

> **핀랙**
> 통상적인 차륜 외에 톱니 바퀴 모양의 차륜을 가지고 있어서, 그것을 전용 레일에 물려 급경사의 등판을 보조하는 시스템. 일정 각도를 넘으면 안전상 꼭 달아야 합니다.

B주임 언뜻 보면 증기로 움직이는 것처럼 보이는데, 굉장한
스팀 볼(steam ball)을 적재하고 있는 것 아닌지…….

C주임 그건 아니에요.

B주임 수동으로 운전
한 적도 있었는
데, 그때는 평
범한 기차처럼
운전했었죠.

F과장 으음, 수수께끼
로군.

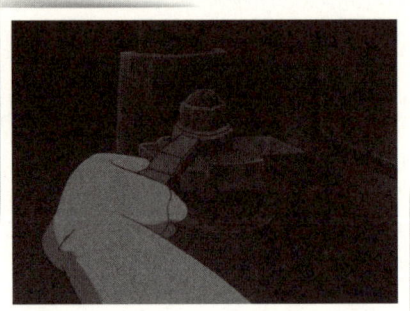

> 🐱 스팀 볼
> 오토모 카츠히로 감독의
> 애니메이션 〈스팀보이〉
> (2004)에 나오는 강력한
> 증기압을 봉인한 공.

TV판 113화 '청춘의 환영−안녕, 은하철도999(후편)'에서
발췌. 제어를 빼앗겼기에 철이가 수동으로 전환해서 운전
했습니다

2 크레인 스펙은

B주임 전에 REED 공법 때문에 설계 담당 H주
임에게 갔을 때 크레인이 어려울 것 같다
는 말을 들은 적이 있어요. 그래서 기계
그룹에서 이야기를 들어야겠다 생각해서
온 겁니다.
처음엔 낮은 것부터 만들어서 거기에 크
레인을 올려놓은 후 차례차례 만들어 가
면 어떨까 생각했는데, 그러면 안 되나요?

낮은 교각부터 만들어서
그것을 발판삼아 크레인
이 올라간다.

B주임이 생각한 크레인 방법

F과장 🤖 그건 힘들 거야. 우선 크레인은 경사진 곳에서 쓸 수 없으니 수평으로 만들기 위한 작업대가 필요해. 그리고 앞쪽 교각부터 만든다면 다음 교각의 재료를 올릴 때 그 작업 반경이 20m나 될 거 아냐.

B주임 🍄 그건 그러네요. 20m라면 상당한 거리인데.

F과장 🤖 지렛대의 원리 때문에 먼 곳에 있는 무거운 물건을 들어 올리려면 반대쪽에도 그에 상응하는 무게가 필요한데, 그러면 크레인 전체가 굉장한 중량이 되지. 아마 완성된 후 지나갈 열차의 무게를 훨씬 뛰어넘을 걸?

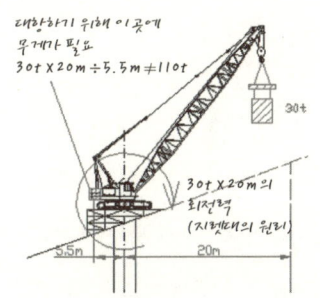

대항하기 위해 이곳에 무게가 필요
30t X 20m ÷ 5.5m ≒ 110t

30t

30t X 20m의 회전력
(지렛대의 원리)

5.5m 20m

크레인의 총 중량은 230t 정도가 되므로 들어 올린 짐의 무게까지 합산하면 약260t, 작업대와 가설 들보의 무게까지 포함하면 999호의 기관 차 중량 210t을 대폭 초월합니다

C주임 😎 그럼 제작중인 상태가 가장 혹독한 상황이 되어버리네요. 그 조건으로 다시 설계해야 되는 겁니까?

F과장 🤖 그래. 그래선 왠지 석연치 않지? 열차가 달릴 때의 상태로 완성형을 결정하고 싶은데 말이야.

B주임 🍄 그럼 초고층 빌딩의 건축에 자주 쓰이는 클라이밍 크레인을 옆에 건설하면 되지 않을까요?

F과장 🤖 초고층 빌딩 건축의 경우, 그 빌딩 전체와 자재 적치장의 범위를 망라할 수 있는 위치에 설치해. 자재 적치장의 위치가 정해져 있으니 한 번 설치하면 이동하는 일이 없지만, 이번 경우엔 교각 하나를 다 세우면 해체해

서 다시 설치해야 되잖아. 이 거대한 크레인을.

C주임 　교각이 열세 개나 되니 열세 번 해체하고 다시 짓는 건
　　　　좀 번거롭네요.

F과장 　대신 클라이밍 크레인은 종류가 많아서 선택의 범위가
　　　　넓다는 이점은 있어. 잠깐만, 중요한 것을 안 물어봤는
　　　　데, 들어 올려야 하는 무게는 얼마 정도이지?

C주임 　교각 가장 위에 있는 장식 부분인데,
　　　　분할해서 올린다고 해도 대략 30t쯤
　　　　될 겁니다.

B주임 　그 정도 무게라면 F과장님은 뭘 쓰실
　　　　건가요?

클라이밍 크레인
(높이를 단계적으로 올릴 수 있다)

F과장 　짐 무게가 그 정도라면 복잡하게 생각
　　　　할 것 없이 이동식 대형 크레인을 쓰
　　　　면 되겠어. 교각이 하나 완성되면 다음으로 이동하는
　　　　것이 편하니.

수정된 크레인 안. 이쪽이 그나마 현실적?

B주임 　그런 대형 크레인이 있나요?

F과장 　여기 제작사 카탈로그를 가져왔으니 잠깐 보지. (팔랑
　　　　팔랑 페이지를 넘기더니) 대충 봐도 이 기계라면 30t은
　　　　들어 올릴 수 있고, 게다가 지상에서도 **붐**(boom)이
　　　　충분히 닿을 만큼 커. 보라고, 이 기계 같은 건 160m
　　　　야. 붐을 다소 쓰러뜨려 사용해도 99.9m라면 닿지.

🔍 붐
크레인의 팔 부분

B주임 　클래스(class : 등급)로 따지면 몇 톤쯤인가요?

F과장 　500t 클래스.

B주임 　그렇게 큰 건 본 적도 없네요.

F과장 　이게 크다고 해도 뛰는 자 위에는 나는
자가 있는 법. 원자력 발전소를 지을 때
수백 톤씩 하는 원자로를 들어 올려 소
정의 위치에 설치할 때 쓰는 초대형 크
레인이 최대급이야. 그걸 감안하면 500t
은 그나마 작은 편이지. 하지만 이 클래
스라도 일본에 몇 대밖에 없는 건 분명
하니 사전에 예약을 해두지 않으면 빌리
기 힘들 걸?

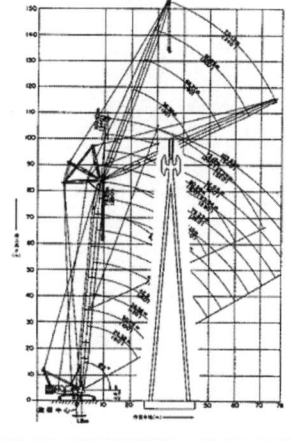

붐이 160m라면 지상에서도 교각 끝 부근까지
닿습니다

B주임 　그렇게 바쁘게 가동되나요?

F과장 　기본적으로 한 현장에 있는 시간이 길거든. 자네들이
자주 쓰는 10t급 크레인이라면 한 나절이면 빌릴 수 있
지? 아침에 현장에 와서 오후에 돌아가기도 하지만,
이 클래스는 트럭 몇 대 분량으로 분해해서 가져온 다
음 현장에서 조립하니까 그것만으로도 며칠은 걸려.

C주임 　조립만으로 그 정도나 걸리나요?

F과장 　정밀도를 중시하다 보니 조립에 시간이 걸리는 거야.
그리고 꼼꼼히 검사해서 기능을 확인한 다음에야 비로
소 현장에서 쓰이게 되지.

B주임 　쉽게 반출입할 수 없겠군요.

F과장 ☻ 그야 당연하지.

B주임 ☻ 실은 교각이 모두 99.9m가 아니라 열세 개가 점점 높아지는 방식이에요. 맨 처음 몇 개는 20m도 안 되니 처음엔 소형 크레인을 투입할까 생각했죠. 하지만 크레인을 교체하는 게 그렇게 번거롭다면 전부 큰 크레인으로 밀어붙이는 편이 나을지도 모르겠네요.

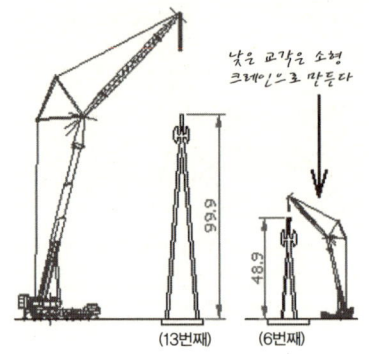

낮은 교각은 소형 크레인으로, 높은 교각은 대형 크레인으로

F과장 ☻ 흠, 그건 뭐라고 단정 지을 수 없군. 대여료 말인데, 500t 클래스라면 엄청 비싸니까 낮은 교각은 작은 규모의 물건을 써서 되도록 큰 것을 쓰는 일수를 줄이는 것이 좋을지도 몰라. 작은 교각을 작은 크레인으로 만드는 동안 옆에서 500t을 조립해도 되고 말이야. 그렇다면 시간의 손실도 줄어들지 않겠어? 조립할 공간 정도는 있겠지?

B주임 ☻ 예. 일단 999호가 연기를 내뿜으며 달릴 정도니까 건물이 인접해 있다면 매연 때문에 엄청난 항의가 쏟아졌을 겁니다.

F과장 ☻ 그런 이유인가? 뭐, 여하튼 병용하는 것을 염두에 두고 효율적인 계획을 세우도록 해.

3 조립 위치 결정법

C주임 🎖️ 그리고 이번엔 비스듬하게 기울어진 상태로 교각 두 개를 동시에 세워가야 하는데요, 그래도 될까요? 지금까지의 실적을 보면 똑바로 쌓아가는 것밖에 없었던 것 같은데.

F과장 🤖 으~음, 그건 먼저 발판을 만든 다음 거기에 기대게 하는 게 좋을 것 같군.

C주임 🎖️ 기울어져 있으면 SEED 폼 통이 잘 안 들어갈 것 같은데요.

F과장 🤖 그렇다면 이 경사면에 수레를 달아서 그것에 실어 SEED 폼 통을 붙여가야겠지.

C주임 🎖️ 그렇군요. 크레인만 쓰는 게 아니라.

F과장 🤖 지표면에서 위까지는 크레인이 올려주겠지만 크레인에 짐을 덜렁덜렁 매단 상태에서 H강에 비스듬히 끼우는 건 어렵기도 하고, 무엇보다 짐이 흔들릴 때 인부들이 위험하니 말이야. 일단 수레에 맡기면 붙일 때 조정이 편하고 안전해. 그렇다면 남은 문제는 이 수레를 가동시키는 장치 정도겠지. 처음에 발판을 전부 조립한 후 맨 위에 윈치(winch : 권양기, 크랭크)를 달기로 할까? 이렇게 해두면 어느 정도는 자동화할 수 있기도 하니까.

B주임 🧑 괜찮지 않겠어요?

C주임 🐸 멋진 아이디어입니다!

???   과연 그럴까?

C주임 🐸 누구냐!

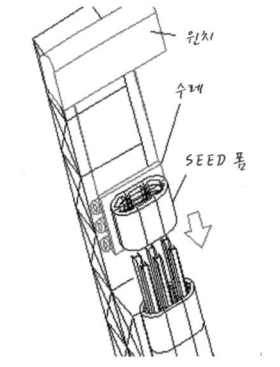

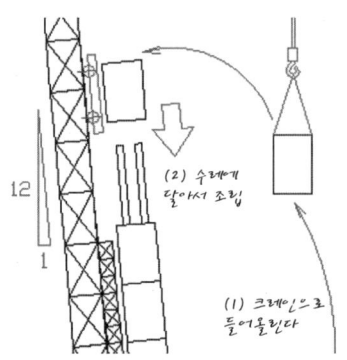

수레를 밑으로 내리기 위한 윈치는 미리 만들어둡
시다

교각이 기울어져 있으므로 수레로 설정 위치까지 떨
어뜨리자는 F과장의 아이디어

돌연 기계 그룹에 울려 퍼진 온화하지만 늠름한 목소
리. 그 정체는 과연?

４ 도우미 등장으로 손쉽게 해결

B주임 😊 에이, 카와모토 과장님이셨네. 무슨 일이신가요?

카와모토 과장 뭔가 재미있는 이야기를 하는 것 같기에 말을 걸어

봤어.

카와모토 신지
마에다건설 공업 주식회사 이이다바시 본점 토목 본부 토목부 기계 그룹 과장(2004년 6월 현재) 입사해서 3년 정도는 토목 설계부에서 실드 터널 관련 기술 개발에 종사. 그 후 기술 개발 관리부 문으로 자리를 옮겨 기획 관리 업무를 맡았는데 GPS(Global Positioning System) 도입을 담당 하다가 대규모 토공과 해양공사용 GPS 시스템 을 개발하고 무인화 시공 기술의 개발에도 참가 한다. 2년 전부터 토목부 기계 그룹으로 이동. 휴 일은 취미생활과 가족 서비스를 겸해 부엌을 맡 는 일이 많기에 매일 남성용 요리잡지 등을 보며 메뉴의 확충에 힘쓰고 있다. 요리가 잘 되어서 가족들로부터 '맛있다'는 말을 듣는 것이 최고의 보람.

B주임과 C주임의 질문에 친절하게 대답해 주셨습 니다

B주임 😊 카와모토 씨도 함께 검토해주실래요?

카와모토 과장 그러지, 뭐.

F과장 😊 실은 이후에 잠깐 밖에서 회의가 있어서 내가 대신 부른 거야. 그럼 뒤를 잘 부탁할게.

C주임 😊 다녀오세요.

B주임 😊 F과장님이 가버리셨네. 참고로 본제에 들어가기 전에, 카와모토 과장님은 어떤 애니메이션을 보셨나요?

카와모토 과장 지난번에 우리 집 아이랑 〈명탐정 코난〉 극장판을 보러 갔었지. 비행기의 연료가 떨어져서 무로란 부두에 착륙하는 이야기였는데, 내가 무로란 출신이라 무로란 항구에 대해 이것저것 가르쳐줬더니 굉장히 진지하게 들더군.

🎬 〈**명탐정 코난**〉 극장판
2002년 4월 개봉한 여덟 번째 극장판 〈은빛 날개의 마술사(매지션)〉를 말하는 듯합니다. 그 후 코난은 2005년 2월에 사단 법인 일본 건설업 단체 연합회에서 발행된 〈명탐정 코난 건설 FILE〉에서 토목 기술을 어린이들이 알기 쉽도록 소개하는 캐릭터로 채용되었습니다.

B주임 항구가 건설된 게 메이지 시대 아니었나요? 아버지의 업무 관련 이야기를 자제분이 열심히 듣다니, 정말 미담이네요.

카와모토 과장 결론부터 말하면, 역시 그 정도 나이부터 세뇌가 필요하다는 거지!

C주임 이거 미담 맞나요?

B주임 다른 가정의 교육 방침에 참견하는 건 좋지 않아.

카와모토 과장 대학에 가면 건설 관련을 전공하겠다고 이미 결정했을 정도니까. 앞으로 판타지 영업부는 그보다 이른 단계인 중학생이나 초등학생이 잘 아는 것을 수주해야 되지 않겠어?

B주임 이야기가 묘한 쪽으로 흘러가버렸네. 아니, 저희도 영업노력은 하고 있지만요.

카와모토 과장 그래서 어쩔 건데?

B주임 주신 의견은 마음속에 잘 담아두겠습니다.

C주임 그보다, 아까 하신 "과연 그럴까?"라는 말씀은 무슨 의미인가요?

카와모토 과장 확실히 안전이라는 점에선 이런 방법이 확실하겠지. 하지만 내 눈에는 조금 오버스펙인 것처럼 보여.

C주임 과장님이라면 어떻게 하실 건데요?

카와모토 과장 고층 빌딩을 짓는 현장에선 크레인으로 위치를 잡을 수 있는 기술이 있으니까 그것을 하면 돼. 구체적으로

설명하면 들어 올린 짐의 자세를 제어하면서 소정의
위치로 가져가는 거지. 그림으로 그리면 이런 식이야.

B주임 🥸 크레인의 **지그**(jig)🔖에 무언가 자세를 제어하는 것이
달려 있는 거네요.

카와모토 과장 그래. 원격조작 윈치가 두 개 달려 있어. 리모컨 조작
으로 한쪽만을 감아서 이 교각의 기울기에 맞추어 공
중에서 들어 올린 물체를 기울인 후 그대로 떨어뜨리
면 되지.

C주임 🧢 실제론 들어 올린 물체가 꼬여서 회전하는 일도 있어
서 어려울 것 같은데요.

카와모토 과장 어려워 보여도 실제로 이 방식을 쓰고 있는 걸. 뭐, 그

런 게 걱정될 때는
윈치 외에 **플라이
휠**(fly wheel)🔖이
탑재된 타입도 있
으니까 그것을 써
서 회전 방향을 제
어하면 돼. 다만
그 정도 물건은 우
리 회사엔 없으니

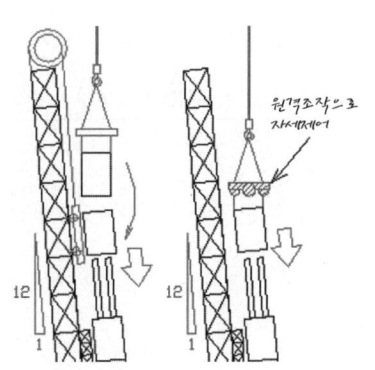

(왼쪽) F과장(안)의 윈치 달린 수레에 맡기는 방식,
(오른쪽) 카와모토 과장(안)의 자세를 제어할 수 있는
크레인 지그로 떨어뜨리는 방식

대여해야 되지. 역시 특별하거든, 초고층 빌딩 건설
용은.

C주임 😈 아, 그 정도로 특별한가요?

B주임 😊 남은 건 안전상의 문제인데, 이렇게 크레인으로 물체를 매단 채 위치를 잡다 보면, 높은 곳에서 하는 작업이다 보니 바람 때문에 매달린 물체가 갑자기 흔들린다든가 해서 인부들에게 위험이 미치지 않을까 걱정인데요.

카와모토 과장 그래. 이런 방식이라면 대충 위치가 잡힐 때까지는 주위에 있는 **사람들을 물릴 필요**⊚가 있겠지. SEED 폼이 스트라이프 H에 끼워져서 고정되면 그 후 미세조정을 위해 사람들을 들여보내면 돼.

B주임 😊 옆에서 사람이 보면서 신호하지 않는다면 위치를 어떻게 잡아야 되죠? 크레인 조종자는 100m 밑에서 봐야 하니 위에도 사람이 있지 않으면 무리일 것 같은데.

카와모토 과장 B군, 우리 회사에는 **무인화 기계 토공 시스템**⊚이 있잖아.

B주임 😊 예? 원격조작 불도저와 백호우(포크레인) 말인가요? 그거랑 무슨 관계인지?

카와모토 과장 거기 쓰이는 '눈' 시스템을 원격조작에 이용할 수 있잖아. 여러 방향에서 고정 카메라로 감시하고, 또 크레인의 붐 끝과

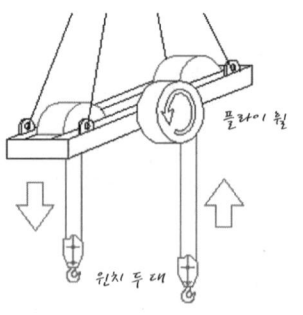

크레인 지그에 원격조작 되는 자세제어 기능을 추가합니다

⊚ **사람들을 물릴 필요**
비밀 이야기를 할 때 들어도 되는 사람 이외엔 물리는 것과 기본적으로 같은 의미입니다만, 토목공사의 경우 한 사람도 예외 없이 출입을 금지하는 것을 말합니다.

⊚ **무인화 기계 토공 시스템**
정식 명칭은 '마에다식 무인화 기계 토공 시스템'. 재해복구 등 사람이 들어가지 못하는 곳에서 하는 중장비 작업을 원격조작으로 가능하게 한 시스템.

발판에도 달아두는 거지. 거기서 포착한 영상으로 들
어 올린 짐의 상태를 파악해서 크레인 조종자에게 신
호를 보내는 거야.

B주임 그렇군요. 그렇다면 문제없겠네.

C주임 이제 대충 가닥이 잡힌 것 같네요. 그 외에 카와모토
과장님이 보셨을 때 이번 물건에서 마음에 걸리시는
게 있나요?

카와모토 과장 REED 공법 자체는 시공실적이 많지만 기울인 상태에
서 시공하는 건 사실 이번이 처음이라서 말이야. 그래
서 의외로 어렵지 않을까 해. 가령 SEED 폼을 통 모양
으로 조립한 것을 H강이 세워져 있는 곳에 끼울 때,
교각이 기울어져 있으면 H강이 휘겠지.

B주임 확실히 1/12이라는 터프한 기울기니까 다소 휘겠죠.

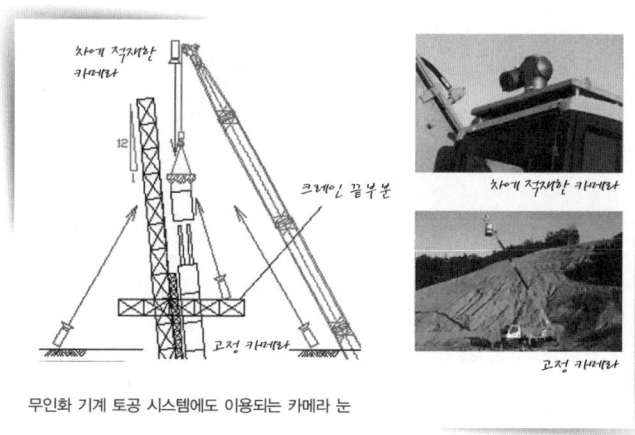

무인화 기계 토공 시스템에도 이용되는 카메라 눈

카와모토 과장 따라서 오랫동안 노출시킨 채 방치하면 끝부분이 늘어져서 잘 안 들어가게 되니까 그렇게 되지 않도록 수직으로 만들 때보다 짧은 H강을 조금씩 조금씩 붙여가는 방식을 써야 하는데, 그게 의외로 번거롭지.

B주임 확실히 평범한 수직 교각에선 그런 문제가 없었죠.

카와모토 과장 음. REED 공법은 수직으로 만들 때 이 점이 최대가 되니 말이야. 또 한 가지 예를 들면 SEED 폼 통을 끼울 때 위치 조정은 H강과의 거리를 보고 결정하는데, 이번 공사는 H강이 휘어서 일직선이 안 되니 그 방법은 쓸 수 없어.

B주임 그럼 어떻게 하죠?

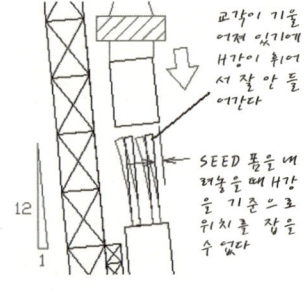

교각이 기울어 있기에 H강이 휘어서 잘 안 들어간다

SEED 통을 내려놓을 때 H강을 기준으로 위치를 잡을 수 없다

교각이 기울어져 있는 상태에서 시공한 실적이 아직 없는 탓에 예측하지 못한 사태가 일어날 가능성이 있습니다

카와모토 과장 뭐, 방법이야 여러 가지. 레이저 광선으로 거리를 잰다든지. 하지만 실적이 있다고 안심하다간 조금 다른 것을 하려고 했을 때 현장에서 이것저것 문제가 생기기 마련이야. 그렇게 되지 않도록 본점과 지점에 있는 우리들이 세세한 점에도 주의를 기울여서 기술적인 지원을 해야 할 거라 생각해.

B주임 완전히 쓸 수 없게 되는 일도 생길 수 있겠네요.

카와모토 과장 의외로 그런 곳에 함정이 있기도 해.

B주임 예. 조심하도록 하죠.

카와모토 과장 아참, 이번 공사에 이용할 지그를 쓰려고 하는 현장이 마침 시내에 있어. 시간이 있으면 어떤 것인지 한번 보는 게 어때?

C주임 그거 반가운 소식이네요. 건축 현장인가요?

카와모토 과장 아니, 실드 터널을 시공하는 토목공사 현장인데 어째서 쓰이고 있는지 자세한 사정은 현지에서 듣는 게 좋겠군.

B주임 정말 고맙습니다. 자, C군. 얼른 그 현장으로 가보자고.

C주임 알겠습니다. 정말 감사했습니다. **적산**(積算)할 때 또 뵙도록 하죠.

카와모토 과장 아, 그것도 내가 해야 되나?

> 🔎 적산
> 측정하거나 계산한 값을 차례차례로 더해 감. 또는 그 합계.

히비야 공동구 작업소에서
신세를 진 분들

(왼쪽) 타카하시 과장
(중앙) 카메다 직원
(오른쪽) 마에다 소장

마에다 마코토

칸토 지점 히비야 공동구 작업소 통괄소장

● 마에다건설 공업 주식회사 칸토 지점
히비야 공동구 작업소[※] 통괄소장(2004년 6월 현재)

입사 후 십 몇 년간 츄고쿠 지방 산속에서 고속도로 현장을 전전하다 그 후 사회주의 국가에서 수주를 따냈기에 중화인민공화국의 수구 댐에 지원해서 참여. 귀국 후엔 도쿄 도심에 있는 시로야마, 신주쿠, 시바, 토라노몬에서 실드, 지하도, 급수소 현장을 맡음. 현재 산원숭이가 메트로폴리탄 보이로 진화 중.

신조 : '내일의 슈퍼니카보다 오늘의 블랙니카(※둘 다 위스키의 일종이지만 슈퍼니카가 더 고급)'. 요컨대 매일 술을 마실 수 있다면 좋은 겁니다.

휴일 : 1주일간의 반성과 다음 주의 계획을 술과 함께 생각하는 것.

이상 보람찬 나날들의 소개였습니다.

※ **히비야 공동구 작업소**
국토교통성이 발주한 토라노몬에서 히비야까지 길이 1.4km 거리에 지하 약 40m 깊이에서 공동구를 구축하는 공사 현장. 지하 공사 현장치곤 드물게 일반 견학자와 매스컴 등의 취재가 빈번하게 이루어지고 있고, 드라마의 로케, 가수의 프로모션 비디오 촬영 등에도 개방할 때가 있는, 아는 사람은 다 아는 공사 현장이더군요. 2005년 준공.

■1 들어 올린 짐의 자세제어를 실제로 하고 있는 현장으로

그런 이유로 현장으로 향한 B주임과 C주임. 우선 시공 현장 근처 복합 상가에 있는 공사사무소로 가서 소장실에서 마에다 소장을 면회.

B주임 🐷 수고하십니다. 느닷없이 찾아봬서 죄송하네요.

C주임 👮 이 현장에서 자세제어를 할 수 있는 지그를 쓰신다고 하기에, 저희가 맡은 프로젝트에서도 써볼까 해서 견학차 왔습니다.

마에다 소장 아, 마침 오늘부터 쓰려던 참인데 잘들 왔군.

B주임 🐷 우리 회사에 실제로 이런 진귀한 장치를 쓰는 현장이 있는 줄은 몰랐네요.

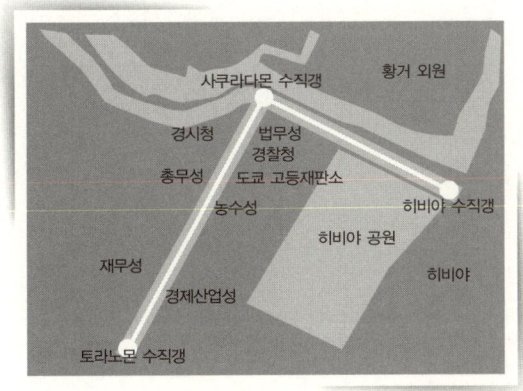

마에다 소장   음, 토목 현장에선 처음이지.

C주임   특수한 물건일 것 같은데, 애당초 여기선 왜 그게 필요
한 건가요?

마에다 소장   여긴 도쿄 지하 40m에 직경 7.3m, 길이 1.4km의 실
드 터널을 뚫고 있는 현장인데, 쉽게 말해 지상 용지가
적어서 말이야. 이런 도심 현장에선 지상 공간을 충분
히 확보할 수 없는 경우가 많은데, 이곳은 그게 좀 더
심해. 여하튼 온갖 관청이 밀집해 있는 토라노몬 한복
판이니 말이야. 덕분에 지하에 자재를 내리기 위한 입
구 부분도 충분한 크기로 뚫지 못했지.

B주임   그랬군요.

마에다 소장   파면서 실드 터널의 갱벽이 되는 **세그먼트**(segment)
를 수시로 내려줘야 하는데, 보통은 눕힌 형태로 내
리지만 이곳은 좁아서 그 상태로는 입구를 못 통과하

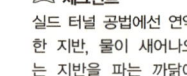

🔍 **세그먼트**
실드 터널 공법에선 연약
한 지반, 물이 새어나오
는 지반을 파는 까닭에
판 후 콘크리트 통을 구
축하여 안전한 터널로 만
듭니다. 이 콘크리트 통
은 사전에 여러 조각으로
분할해서 터널로 운반한
후, 파고 있는 최전선에
서 굴착이 완료된 부분만
큼 순차적으로 조립해 가
는데, 이 조각을 세그먼
트라고 합니다.

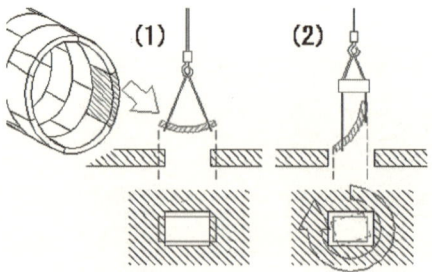

실드 터널의 갱벽이 되는 세그먼트를 (1) 그대로 내리려고 하면
입구가 작아서 통과하지 못하지만, (2) 세그먼트를 기울인 후 자
세를 제어하면 통과할 수 있습니다

거든.

C주임 🐶 입구가 그렇게 좁아요?

마에다 소장 그래. 그래도 비스듬히 기울여서 내리면 통과하잖아. 그래서 자세 제어가 필요한 거지.

B주임 😊 그렇군요. 이렇게 빡빡한 현장은 그리 많지 않으니.

C주임 🐶 기계 그룹에서도 이 장치는 고층 빌딩 같은 건축 현장이 아니면 보통 쓰지 않는다고 하더군요. 우리 회사에선 사용 빈도가 그리 많지 않을 것 같은데, 대여품인가요?

마에다 소장 그래. 특히 회전을 제어하는 장치 쪽은 수량이 몇 안 되다 보니 빌리기가 엄청 힘들었지. 일본에도 열 대에서 스무 대 밖에 없는 희소품이니 말이야. 반년 이상 전부터 계속 쓰게 해달라고 해서 겨우겨우 빌렸어. 이크, 이야기를 하다 보니 벌써 이런 시간이군. 슬슬 현장에서 쓰기 시작할 무렵이니 가보기로 할까?

2 현장에서 실제로 쓰이고 있는 장면을 견학

B주임과 C주임, 마에다 소장의 안내로 사무소에서 현장으로 이동. 먼저 현장에 와 있던 타카하시 과장과 합류.

B주임 수고하십니다.

타카하시 과장 수고가 많군. 조금 후에 매달기 시작하니 조금만 더 기
다려.

C주임 저게 그겁니까?

타카하시 과장 그래, 이 두 개지. 이쪽이 회전제어, 이쪽이 경사제어
장치.

C주임 아, 따로따로 있네요.

타카하시 과장 음, 일체형이 아니지. 각각 다른 제작사에서 빌린 탓에
색상도 달라서 조금 잡다해 보이지.

C주임 경사 쪽은 후크가 두 개 달려 있어서 상상했던 것과 비
슷한데, 회전제어쪽은 언뜻 보면 그냥 네모난 상자라
서 외형만으론 무얼 하는 기계인지 알기 힘드네요.

타카하시 과장 음, 스위치를 켜면 안에서 '부웅~'
하고 휠이 도니까 진동으로 알 수
있을 거야.

B주임 그나저나 이 두 개는 엄청 무거울
것 같은데…….

타카하시 과장 회전제어가 1.7t이고 경사제어가
0.5t이야. 그리고 세그먼트를 비스
듬하게 잡아주는 철제 지그까지 있
으니까 전부 합치면 3t이 조금 넘
지. 세그먼트가 3.2t이니까 매다는

이게 자세제어를 위한 장치
(위) 회전제어 장치, (아래) 경사제어 장치

도구도 그와 비슷한 무게인 셈이야.

B주임 회전제어를 하는 이 상자가 1.7t이나 되나요? 매다는 물체가 무거우니 그 회전을 억누르기 위해 그만한 크기의 장치가 필요하다는 말인지…….

타카하시 과장 정확히 말하면 무게×길이지. 지렛대의 원리로 말이야. 세그먼트의 무게와 크기를 기준으로 이 규격을 선정한 건데, 아마 이 안에서 회전하고 있는 휠만 해도 0.5t쯤 되지 않을까?

카메다 직원 준비가 끝났습니다. 지금부터 세그먼트를 매달 거예요.

B · C 예, 잘 부탁드립니다.

B주임 우와, 엄청 기울었네요.

C주임 은하철도999호의 교각은 1/12 기울기니까 이만큼 기울이지 않아도 괜찮겠죠. 이 스펙이라면 충분할 것 같네요.

B주임 아니, 정말 놀랐어요.

마에다 소장 이걸 지금부터 지하 40m 아래로 내려 보낼 거야. 입구 가장자리 부분을 어떻게 피하는지 잘 보라고.

(좁은 입구를 통과해서 세그먼트가 지하로 내려간다. 지상에서 내려다보는 B주임과 C주임)

B주임 이렇게 좁은 곳을 잘도 피해서 내려

자세제어를 하면서 세그먼트를 비스듬히 매단 모습

가네.

C주임 빡빡해서 여유 공간이 전혀 없었는데요.

B주임 엄청 안정돼 있고 말이야. C군, 이제 **개착 로프** 시대
는 끝났나봐.

C주임 정말요.

마에다 소장 잘 봤지? 어때, 이번 물건에 쓸 수 있을 것 같아?

C주임 예, 이거라면 문제없습니다. 이거, 뭔가 특별한 자격이
필요한가요?

마에다 소장 자세제어에 관해선 필요 없어. 크레인 작업이라 **줄걸
이** 작업자 자격은 필요하지만. 타카하시 과장, 조작
이 얼마나 간단한지 잠깐 리모컨 좀 보여주도록 해.

타카하시 과장 예, 이런 식으로 되어 있습니다. 회전제어는 오른쪽으
로 회전, 왼쪽으로 회전, 'ON'은 정지 상태로 회전이
고정되고 'OFF'로
하면 자유롭게 회
전하게 됩니다. 경
사제어는 위아래와
'ON' 'OFF'.

C주임 지하로 내려가 버
리면 지상에선 잘
안 보이는데, 그건
어떻게 처리하고

자세제어용 리모컨. (왼쪽) 회전제어, (오른쪽)
경사제어. 이러한 리모컨은 안전하고 확실한
작업을 위해 (1) 목장갑을 끼고 있어도 조작
하기 쉽도록 버튼이 크게 만들어져 있고 (2)
조작을 실수하지 않도록 큰 글자로 움직이는
방향이 표시되어 있습니다

개착 로프

통상 회전을 제어하고 싶
을 때는 매단 짐에 로브
를 감은 후 잡아당겨 방
향을 조정합니다. 이때
감는 로브를 개착 로프라
고 합니다. 다만 너무 세
게 잡아당기면 지나치게
회전해서 오히려 반대방
향으로 다시 돌려주어야
하기도 하므로, 이번처럼
정말 아슬아슬한 틈을 통
과하기는 힘듭니다.

줄걸이

크레인으로 물건을 매달
때 와이어나 띠를 중량물
에 거는 작업을 말함. 균
형 있게 매달지 않으면
위험한 까닭에 자격이 필
요한 작업입니다. 특히
복잡한 형태의 물건을 매
달 때는 중심을 잘 파악
해서 와이어를 거는 위치
를 정해야지, 안 그러면
들어 올린 순간 물건이
크게 흔들리게 되어 위험
하지요. 신입사원인 카메
다 직원은 입사 전에 이
자격을 땄지만 현장에선
전임 작업원이 도맡아 작
업하고 있기에 호시탐탐
해볼 기회만 노리고 있다
고 합니다.

계신지요?

마에다 소장 리모컨은 각각 두 개씩 있으니까 하나는 밑에 있는 사람에게 맡겨서 조작하게 하고 있지.

B주임 🍄 크레인 조종자에게 보내는 신호는 어떻게 하고 있나요?

마에다 소장 우리 현장에선 다들 **PHS**(personal handiphone system)🔖를 가지고 있는데, 트랜시버 모드로 전환하면 최대 여섯 명까지 동시 통화가 가능하니까 그것으로 **신호 담당 작업원**🔖이 상황을 파악해서 크레인 조종자에게 신호를 보내고 있지.

C주임 👮 PHS를 쓰고 있군요.

마에다 소장 음. 몇 년인가 전부터 비교적 자주 쓰고 있지. 특히 실드 터널 현장에선 일반 휴대폰으론 갱 안까지 전파가 안 닿아서 전혀 쓸 수 없지만, PHS는 소형 중계기지만 설치하면 반경 수백 미터는 커버할 수 있으니 말이야. 뭐, 단기 파견 온 크레인 작업자는 일반 무전기 쪽이 더 익숙해서 그쪽을 더 선호하는 경우도 있지만.

B주임 🍄 그렇군요. 잘 알겠습니다. 오늘은 정말 좋은 걸 보았네요. 정말 감사드립니다.

C주임 👮 정말 감사합니다.

🔖 **PHS**
단말기가 내는 전파를 중계기지에서 탐지하여 갱 안 어느 지역에 누가 있는지를 파악하는 갱내 인력 관리 시스템 등에 이용되기도 합니다.

🔖 **신호 담당 작업원**
여러 명이 신호를 하면 혼란스러우므로, 담당자를 한 명 정해서 그 사람만이 신호를 하게 합니다.

이것저것 사내에서 도움을 받으며 판타지 영업부는 적
산을 앞두고 마지막 확인 작업에 들어갑니다.
다음 장 PART.9에선 '중요 기구는 제작할 수 있나'에
서 정차합니다.

히비야 공동구 공사

도쿄 도 미나토 구 토라노몬에서 치요다 구 히비야 공원에 이르는 국도 1호 선 밑에 히비야 공동구를 축조하는 공사. 길이 1424m의 터널을 이수식(泥水式) 실드 공법으로 시공하고 있다.

공동구란 전화, 전기, 가스, 상하수도 등이 수용되는 도로 지하의 수용 공간 을 말한다. 최근 도시 발전과 더불어 라이프라인의 수요가 늘고 있는데, 그 때 문에 노상 공사가 따로따로 이루어져서 만성적인 교통체증을 일으키는 주요 원 인이 되고 있다.

공동구가 설치되면 라이프라인이 한꺼번에 수용되는 까닭에 노상 공사가 줄고 교통체증이 경감된다. 또한 지하인 까닭에 지진 시에도 공 동구 안의 시설은 영향을 잘 받지 않는다. 대 도시의 라이프라인을 지키는 기능면에서도 그 활약이 기대된다(완성은 2009년이 될 예정).

공동구 정비 전(이미지 그림)

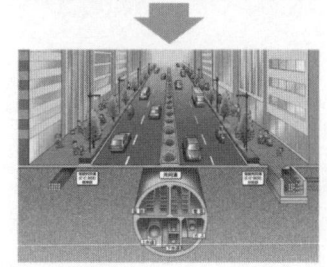

공동구 정비 후(이미지 그림)

히비야 공동구 작업소는 '도쿄 지오사이트 프로젝트'(전4회)의 회장으로 쓰이면서 지하 가면극 상연장(노무라 만자이 씨의 만담), 침묵 의 실드 머신전, 터널 워크, 지하 음악당 등 여 러 이벤트가 개최되었다. 최대 세 시간을 기다 려야 볼 수 있는 등, 인기 놀이기구 못지않은 상황을 연출하기도 하며 대성공을 거두었다.

　이 이벤트를 비롯하여 지금까지 접수한 견학자는 약 1만 명(2006년 2월 현재). 코이즈미 수상, 키타가와 국통교통 대신, 타케나카 내각부 특명담당 대신(당시)도 내방했다. 또한 TV 방송과 영상 등의 로케에도 종종 사용되어, 인기 가수 코다 쿠미의 프로모션 비디오(곡명 ⟨No Regret⟩)에도 등장하는 등 은근히 지하 붐을 조성하기도 했다.

PART.9

중요 기구는 제작할 수 있나

1 지금까지의 작업을 보충·정리해보자

견적 산출에 앞서 전체적으로 모순점은 없는지 최종적
으로 확인하기 위해 부서 회의를 연 판타지 영업부 일
원들.

A부장 　드디어 최종적인 견적 산출에 들어가는 셈인데, 지금
까지 여러 가지 안이 뒤섞여서 복잡하니까 일단 전체
를 정리하는 시간을 가지도록 하지. 지금까지 뒤로 미
루어 놓았던 과제를 여기서 해결해두고 싶기도 하고.
그러고 보니 전에 이 발차대가 착륙에도 쓰이는 거냐
는 이야기가 나왔었는데, B군, 조사해봤나?

B주임 　예. 극장판 1편 첫머리 부분, 999호가 지구에 내려오는
장면에서 쓰였더군요. 마지막에 지구로 돌아오는 장면
만 살폈는데 알고 보니 맨 처음에 있었어요. 이로써 알
리바이가 확실해졌습니다, 반장님.

A부장 　반장이라니, 무슨 형사물 찍는 것도 아닌데. 여하튼 B
군이 말한 '레일≠발사장치설'은 옳은 셈이었군. 내심
그렇게 확신은 하고 있었지만.

B주임 　이 추리가 틀렸다면 수사는 원점으로 돌아갈 뻔했네요.

A부장 　수사? 뭐, 좋아. 그리고 이 레일이 1년에 몇 번 쓰이느
냐 하는 논의도 완전히 해결되진 않았던가? C군, 뭐

알아낸 것 좀 있나?

C주임 😎 그 건에 관해선 이후에 벌인 조사로 999호가 1월 1일 0시에 발차해서 1년 후 안드로메다에 도착하는 일정이라는 것을 알 수 있었습니다, 보스.

A부장 😐 이것저것 조사해온 건 좋지만 보고는 장난으로 하지 마, 아프로, 백과사전.

아프로(B주임) 예, 반장님.

백과사전(C주임) 알겠습니다. 보스.

D직원 😊 ……저기 여러분~.

B주임 😠 왜 그래? 프라모델.

D직원 😊 아, 제 별명이 프라모델이었나요? 확실히 프라모델을 만들기는 합니다만, 그게 저의 전부는 아닌데.

A부장 😐 그렇다면 2년간 방송했지만 이야기 속의 시간 흐름은 1년이었다는 말이군.

C주임 😎 다만 복귀는 언제인가 하는 것은 아직 밝혀지지 않았습니다. 복귀에도 1년이 걸린다고 생각하는 것이 보통이지만 **그 연령대의 철이가 2년이 지난 후에도 외형적으로 성장하지 않았다는 것은 꽤 무리가 있습니다** 🖉. 워프를 하면 눈 깜짝할 사이에 지구로 돌아올 수 있기도 하고요. 지금 여기서 중요한 것은 그 발차대를 사용하는 빈도가 어느 정도냐 하는 것이므로, 가장 많은 경우를 상정해서 1년에 한 번 그 레일을 쓴다고 하는 것

> 🖉 **그 연령대의 철이가 2년이 지난 후에도 외형적으로 성장하지 않았다는 것은 꽤 무리가 있습니다**
> TV판에 한정된 논의. 극장판 2편은 1편의 2년 후라는 설정임에도 그때 철이의 용모는 전혀 변하지 않았습니다. 하지만 애당초 극장판은 무슨 까닭인지 TV판보다 어른스런 얼굴이기에 2년 지난 후에도 변하지 않아도 괜찮은 것으로 해석하고 있습니다.

이 안전한 사고방식이 아닐지요.

B주임 　난 워프 쪽에 필이 꽂히는데 말이야. 〈서유기〉랑 똑같
　　　　아. 힘들게 가는 것에 의미가 있는 거지.

D직원 　좋은 나사가 될지 어떨지 확인하는 것이 본래의 목적
　　　　이었으니 말이죠.

B주임 　메텔 씨를 나쁘게 말하지 마.

C주임 　여하튼 999호가 사용하는 빈도는 많이 잡아 1년에 한
　　　　번 꼴이라고 조건을 설정하겠습니다.

A부장 　그리고 역시 999호의 전용 발차대가 아니라 은하철도
　　　　전 노선 공용인가?

C주임 　그것도 조사해봤는데, 999호 이외에 지구를 통과하는
　　　　것은 111호, 333호, 444호, 555호, 777호 등 다섯 개였
　　　　습니다. 모두 마찬가지로 1년에 한 번이더군요. 따라서
　　　　도합 여섯 대의 열차가 도착과 발진을 위해 지나가므
　　　　로 이 레일은 1년에 열두 번 쓰인다는 계산이 됩니다.
　　　　하지만 두 번이 열두 번이 된다 한들 1년간 사용되는
　　　　빈도가 통상적인 철도에 비해 극단적으로 적다는 건
　　　　변하지 않습니다.

D직원 　그 정도밖에 안 쓰인다면 발차대가 여럿 있을 필요가
　　　　없겠군요.

C주임 　그리고 극장판 1편 마지막 부분. 철이가 메텔이 탄 999
　　　　호를 전송하는 장면에서 굉장히 걸리는 장면이 나오는

데, 하늘로 뻗은 레일이 그것 하나밖에 보이지 않는다

는 겁니다. 참고로 TV판 마지막화의 행성 박쥐에선 두

개의 레일이 하늘을 향해 뻗어 있는 것이 보입니다.

D직원 　행성 박쥐라면 굉장히 느긋한 전원 한복판에 역사가

있는 그 별 말이죠? 그런데도 메가로폴리스보다 발차

대가 충실한 겁니까?

A부장 　게다가 1년에 단 한 번 두 대가 동시에 발차하는 거잖

아. 어째서 홈에 사진을 찍으러 온 철도 마니아가 없는

지 의아해.

B주임 　부장님이 말씀하시니 묘하게 설득력이 있네요.

A부장 　음, 그리고 지금까지의 정리인데, D군이 일람표에 정

리한 것이 이거야.

B주임 　마징가Z의 격납고와 달리, 전모가 다 보이는데도 여기

저기서 애를 먹고 있네요.

C주임 　이렇게 보니 액티브 매스 댐
퍼에 관해서는, 도입하기로
한 방침은 정해졌지만 다른
것에 비해 세세한 항목은 미
정으로 남아 있네요.

A부장 　그만큼 중요한 기구니까. 이
것의 전원 공급이 끊긴 탓에
손상이 진행되어, 극장판 2편

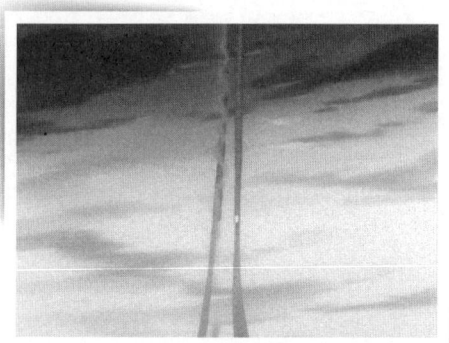

TV판 113화 '청춘의 환영 안녕, 은하철도999(후편)'에서 발췌.
행성 박쥐에 있는 999호와 777호의 쌍발차대. 999호에는 철이
가, 777호에는 메텔이 탑승하여 뿔뿔이 헤어지는 마지막 장면

지금까지 검토한 내용 일람

분류		결정사항	근거	해당 부분
하부공	조건	철근 콘크리트제	붕괴 신에서 철근이 보인다	Part 2-2
		최고 99.9m	결정할 방법이 전혀 없어서	Part 2-3
		장식부의 디자인은 철이형	TV판을 우선해서 철이형을 채용	Part 3-1
	설계	강풍 시엔 바람 하중 + 활하중으로 설계	강풍 시에도 일정을 엄수한다는 은하철도의 규칙	Part 4-1
		지진 시엔 지진하중만으로 설계	열차가 지나는 빈도가 낮기 때문	Part 4-1
		인공지반 위에 입각	실제 지표면은 빛이 닿지 않는 깊이에 있지만 그 거리를 추정할 근거가 없는 까닭	Part 2-3
		액티브 매스 댐퍼로 진동 제어	【당사 오리지널 아이디어】	Part 5-2
		버클링 방지가 필요	【당사 오리지널 아이디어】	Part 5-3
	시공	REED 공법	【당사 보유 기술을 사용】	Part 3-1
		SQC(슈퍼 퀄리티 콘크리트)를 재료로 사용	【당사 보유 기술을 사용】	Part 3-3
		매단 물체를 비스듬하게 자세제어	높은 곳에서 작업하는 인력의 절감과 기계화	Part 8-4
		대형 크레인을 조달	실재하는 크레인으로 시공 가능	Part 8-2
		원격조작 감시 시스템을 사용	【당사 보유 기술을 사용】 높은 곳에서 부는 바람에 의해 들어 올린 물체가 흔들리는 것에 대한 안전대책으로 무인화	Part 8-4
	기타	붕괴는 주변 화재에 의한 손상 및 진동을 제어하는 액티브 매스 댐퍼의 정지에 기인	전쟁 탓에 보수가 불가능했고 댐퍼를 작동시키는 전원 공급이 중단되었음	
상부공	조건	레일은 직선	수량, 설계 등에 큰 변화가 없고, 어림 계산 단계인 까닭에 단순화해서 검토	Part 2-2
		레일 기울기는 20도	영상에서 확인함	Part 2-3
		가속기는 불필요	착륙에도 사용하고 있기에 발사 장치는 아니다	Part 2-2
	설계	강도가 높은 강재를 사용	【당사 오리지널 아이디어】 사용빈도가 적기에 반복하중을 생각하지 않아도 된다.	Part 7-3
		형교 방식	들보 두께를 얇게 하여 작품에 가까운 형태로 만들 수 있기에 가느다란 재료를 팽팽하게 당기는 줄타기 방식은 기각되었음	Part 7-1
		침목은 장식. 들보의 두께를 감추기 위함	래더 침목 방식의 응용	Part 7-3

에선 999호가 지나가는 순간 우직우직 무너져 내렸으니 말이야.

D직원 🧒 구체적으론 어떤 것을 정해야 하는 거죠?

C주임 👲 나도 건축 출신이지만 자세한 내용은 너무 전문적이라 모르겠어. 역시 애초에 이것을 제안한 건축 엔지니어링부 설계 담당 I과장님께 물어봐야지.

B주임 👦 그거야, 그거. 되느냐 안 되느냐의 여부는 되는 것으로 나왔지만, 실제로 하려면 좀 더 분명히 할 필요가 있어.

A부장 👨 음, 그러니까 그런 관점에서 다시 한 번 I과장과 제작사에 문의해보도록 해.

2 액티브 매스 댐퍼의 지혜주머니

히카리가오카 본사 20층, 건축 엔지니어링 설계부 구조설계 Gr 플로어. B주임, C주임, D직원이 I과장을 방문 중.

I과장 🐵 그 후 꽤 진척된 모양이군.

B주임 👦 예. 그렇긴 하지만 액티브 매스 댐퍼에 관해선 저희들도 초짜라서 자세히는 모르겠습니다. 가능하면 제조사를 소개 받아 그쪽에 문의해볼까 합니다만.

ㅣ과장 😺 소개해달라니……. 큰 모터를 다루는 곳이라면 어디든 만들고 있는데.

D직원 😊 모터요? 액티브 매스 댐퍼가 아니라?

ㅣ과장 😺 대형 모터의 응용기술이니 말이야.

B주임 🐸 우리 히카리가오카 본사에서 쓰고 있는 것도 IHI에서 만들었다고 하더군요.

ㅣ과장 😺 그래. 구동방식에 회사별로 특색이 있지만, 기본적으론 어떤 주기로 어느 정도의 파워를 낼 수 있는 것이 필요하다는 스펙을 이쪽에서 정해서 그에 맞는 물건을 제조사에 발주하면 끝이지.

D직원 😊 납품하면 끝이라는 말인가요?

ㅣ과장 😺 응. 액티브 매스 댐퍼의 경우엔 실제 만들어진 물건에 대해 미세한 조정이 필요하니 스태프가 찾아오지만, 패시브 매스 댐퍼의 경우 말 그대로 **차상 인도** 🔖로 물건이 도착하면 끝일 경우도 있어.

C주임 👮 그럼 이번 프로젝트도 이쪽에서 액티브 매스 댐퍼의 스펙을 정한 후 제조사에 부탁하는 방식을 취하면 되겠군요.

ㅣ과장 😺 그래. 그럼 최근 우리 회사와 댐퍼 관련으로 인연이 많은 미츠비시중공업 주식회사로 가보도록 하지. 높은 건조물에 댐퍼를 도입한 실적으로는 요코하마의 랜드마크 타워, 오사카 월드 트레이드 센터 빌딩, 아카시

> 🔖 **차상 인도**
> 현장에 트럭으로 물품과 납품서, 영수증을 함께 보내는 것. 짐을 내리는 작업도 수령하는 쪽에서 부담합니다. 수령서를 운전기사 편으로 보내면 끝이므로 기본적으로 제조사 사람과는 대면하지 않습니다.

해협 대교의 주탑 등이 있어. 우리가 참가한 물건들만 있는 건 아니지만.

C주임 🙂 죄다 초고층이네요. 아카시 해협 대교의 주탑의 경우 우리 회사가 하부공에 참여했던가요?

B주임 🙂 기묘한 인연이네. 오사카 월드 트레이드 센터 빌딩이라면 여름에 가족들과 함께 고향에 내려갔을 때 전망대에 올라간 적 있어. **마츠모토 레이지 선생의 코스모 월드**🏳를 보러. '메텔이 기다린다'고 했으니 갔었던 거지!

D직원 🙂 기묘한 광고 카피네요. 메텔 씨가 기다리던가요?

B주임 🙂 있긴 했는데 작더군. 그나저나 거기 엄청 높았어. 서일본에서 가장 높다는 건 알았지만, 거의 하늘에 와 있는 기분이었지.

I과장 🐨 도쿄 타워의 특별 전망대가 약 250m 높이에 있으니, 높이 252m의 오사카 월드 트레이드 센터 빌딩의 최상층도 그와 비슷한 높이에서 바라보는 셈이야.

C주임 🙂 전 요코하마의 랜드마크 타워 쪽에 가본 적이 있군요. 그곳도 최상층의 전망은 발군이었죠.

I과장 🐨 그러고 보니 미츠비시중공업에서 시공 실적 자료를 받은 적이 있군. 잠깐만 기다려. (찾는다) 음, 그쪽은 약간 더 높아서 282m로군. 참고로 아카시 해협 대교의 주탑이 297m.

> 🔍 **마츠모토 레이지 선생의 코스모 월드**
> 오사카 월드 트레이드 센터 빌딩의 전망대에서 2003부터 2005년까지 개최되었던 기획. 마츠모토 레이지 선생의 작품에 관한 물품들과, 캡틴 하록의 아르카디아 호의 함교, 〈은하철도999〉의 차내를 재현한 실물 대형 세트 등이 전시되었습니다. 물론 메텔도 있었습니다. B주임이 방문한 것은 2003년 여름.

D직원 😊 　요즘 초고층이라고 하면 그 정도지요. 역시 999호의
　　　　발차대는 300m 정도 되지 않을까요?

B주임 😊 　걱정 마. 그런 건물들이 난립하는 일은 당분간 없을 테
　　　　니까.

３ 미츠비시중공업으로

그런 이유로 B주임, C주임, D직원이 I과장을 따라 방
문한 곳은 시나가와 역 바로 앞에 있는 미츠비시중공
업 주식회사. 초고층 빌딩 철제구조 건설 사업본부의
플로어에서 제진(制振) 장치를 담당하는 이타니 씨와
사사지마 씨를 면회.

B주임 😊 　바쁘신데 시간을 내주셔서 정말 고맙습니다.

이타니 씨　아뇨, 저희들도 〈은하철도999〉를 보고 자란 세대라
사사지마 씨　그게 만들어진다고 생각하니 감회가 새롭습니다.

I과장 🐵 　사사지마 씨는 히로시마에 있는 연구소에서 일부러 여
　　　　기까지 오신 거니까 건성으로 듣지 말고 잘 듣도록 해.

C주임 😊 　예? 그런가요? 정말 죄송합니다.

사사지마 씨　아뇨, 우연히 일이 생겨 본사에 와 있었던 거니 너무
　　　　괘념치 마시길.

B주임 I과장님, 괜히 놀래키지 마세요. 여하튼 본론으로 들어가서, 미츠비시중공업의 제진 장치는 어떤 특색을 가지고 있나요?

사사지마 씨 음, 저희 회사에선 댐퍼를 소형화하는 기술을 연구하고 있습니다. 가령 요코하마의 랜드마크 타워에선 통상 3~4층 정도 크기의 것을 넣어야 했지만, 다단식이라는 방법을 써서 한 층에 넣었지요. 다만 그건 액티브와 패시브의 하이브리드형이었습니다.

D직원 이번 프로젝트는 액티브였지요.

사사지마 씨 그밖에 리니어 모터 구동 댐퍼를 만들고 있다는 것도 큰 특징입니다. 지금까지의 형태는 볼나사를 모터로 회전시키는 방식입니다만, 리니어로 하면 회전방향을 한순간에 바꿀 수 있으므로 반응이 한층 좋아집니다. 게다가 저소음이라는 것도 큰 메리트지요.

미츠비시중공업 주식회사 철제구조 건설 사업본부 · 철제구조 장치부 · 철제구조 장치 제2부 그룹의 야마구치 마사야 씨(당일 결석), 이타니 타케오 씨(사진 왼쪽), 기술본부 히로시마 연구소 철제구조 토목연구실의 사사지마 케이스케 씨(사진 오른쪽)로부터 많은 이해와 협력을 받았습니다. 정말 감사합니다.
판타지 영업부 일동

B주임 그렇군요. 리니어 모터 구동 방식은 다음에 꼭 써보고 싶네요.

C주임 👮 여하튼 교각에 제진 장치를 설치하는 것에 대해 제조
사 측의 전문적인 의견을 듣고 싶은데요.

이타니 씨 교각이라면 요컨대 지진이 발생했을 때 차량이 안전하
게 지나가는 것이 목적인가요?

B주임 👧 아뇨. 메가로폴리스의 경우, 차량이 지나가는 빈도는
극단적으로 적으니 지진이 일어날 때와 겹치는 일은
없을 거라 생각합니다. 지진 시엔 차량이 지나가지 않
는다고 생각하시길.

이타니 씨 그건 우리들의 감각과는 다르군요. 제진이란 애초에
빌딩이 흔들릴 때 안에 있는 사람들의 생활에 지장을
주지 않는 수준까지 흔들림이 증폭되지 않도록 억제하
기 위한 기술이라 아무도 없을 때 구조물의 진동을 제
어하는 건 의미가 없거든요.

B주임 👧 역시 미츠비시중공업이군요.
그 말이 맞습니다. 다만 열차
주행 시에 강풍이 불 경우는 상
정하고 있지요. 실제로 그쪽이
더 심각한 하중이 걸리므로 설
계는 그쪽을 기준으로 하고 있
습니다. 바람으로 흔들릴 때 차
량이 안전하게 달릴 수 있도록
부탁드립니다.

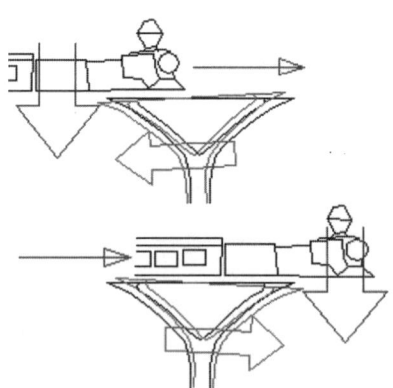

차량 주행에 의한 진동은 주로 선로 방향으로 발생합니다

I과장 🐵   열차 주행 시라면 흔들림의 방향은 주로 선로 방향이
겠군.

B주임 🧑   아, 그렇겠네요. 바람은 어느 쪽에서나 불겠지만.

I과장 🐵   전에 내가 제안했던, 장식을 무게추 삼아 흔드는 방식
은 선로 직각 방향의 제진 방법이었으니 선로 방향에
대해서도 가능한 댐퍼 사양으로 바꿀 필요가 있겠어.

C주임 👮   선로 방향의 흔들림에 대해선 이 교각의 귀 모양 장식
으론 대응하기 힘들겠죠.

I과장 🐵   아니, 꼭 그렇지만도 않아. 그럴 때는 이렇게 회전시켜
움직이면 되지 않겠어? 어때?

D직원 🧑   아, 그러네요. 그렇게 하면 선로 방향의 흔들림이 상쇄
되겠어요.

I과장 🐵   이건 머리만 무겁게 하는 게 포인
트야. 그렇게 하면 이 귀가 진자가
되니까.

B주임 🧑   확실히 무게추 중심에 축이 달려
있으면 빙글빙글 돌기만 하지 흔드
는 힘은 안 되겠죠.

C주임 👮   꼬이는 방향으로 쓸 줄은 몰랐네
요. 구체적으로 얼마 정도 무게의
추를 쓰면 될까요?

I과장 🐵   요코하마의 랜드마크 타워가 전 중량의 0.3% 였던가?

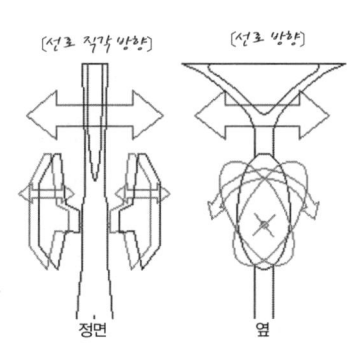

선로 직각 방향(왼쪽)과 선로 방향(오른쪽)의 진동 억제법.
두 방향의 움직임이 가능하도록 만듭니다. 선로 방향은
꼬이듯 흔들립니다

뭐, 무거워도 대략 1%겠지.

B주임 D군, 가장 높은 교각으로 어림 계산 할 수 있겠어?

D직원 음, 대충 1200t이네요. 1%면 12t, 귀 모양 장식은 두 개 있으니까 한쪽이 6t. 귀가 전부 콘크리트로 채워져 있다고 하면 30t 정도의 체적이 되므로 안이 반쯤 비어 있어도 되는 셈입니다.

B주임 뭐, 안에 모터가 들어갈 곳도 필요하니 안이 좀 비어있는 게 좋겠지.

사사지마 씨 이야기 도중 죄송합니다. 잠깐 확인하고 싶은데, 진동을 억제하면 되는 거죠?

I과장 예, 그렇습니다만.

사사지마 씨 저희 회사에선 여러 가지 물건에서 실적을 쌓으며 액티브 매스 댐퍼의 규격화를 진척시키고 있습니다. 스펙만 충족된다면 규격품을 쓰는 편이 조정이나 관리상의 노하우를 살리기 훨씬 쉬워집니다. 방금 하신 이야기로는 교각의 귀 부분을 무게추로 해서 그것을 움직이시려는 것 같은데, 그러지 않아도 된다면 그 편이 기술적으로 이점이 많습니다.

B주임 특별히 주문하지 않아도 된다는 말인가요?

사사지마 씨 그렇습니다. 특히 방금 말씀하셨다시피 회전에 의한 **진자**(振子)로 쓰신다고 하면 완전히 새로운 아이디어이므로 제로부터 기획을 입안해서 제작해야 합니다.

진자
고정된 한 축이나 점의 주위를 일정한 주기로 진동하는 물체. 중력이나 탄성력 등의 힘에 의해 평형점을 중심으로 진동 운동을 반복한다.

게다가 통상 빌딩 하나에 하나밖에 들어가지 않는 물건을 이번 프로젝트에선 한꺼번에 몇 십 개나 쓰는 셈이므로, 그만한 숫자라면 공기를 맞출 수 없을 가능성도 생깁니다.

B주임 으음, 그렇다면 오히려 규격품을 쓰는 것이 훨씬 낫겠네요. 그리고 보니 마징가Z의 격납고 때에도 10초 만에 마징가Z를 상승시키는 대형 잭이 일반적인 스펙의 물건 중엔 없어서 특주한 적이 있었죠. 제조사에 문의했더니 그런 물건은 지구상에 존재하지 않는다고 해서 결국 개발 단계의 것을 예상가로 대충 후려쳐서 견적을 산출했었습니다. 역시 특주품은 어지간하면 마지막 수단으로 남겨두고 싶네요.

D직원 마징가Z 격납고의 잭은 마지막 수단을 쓰지 않으면 어떻게 해볼 수 없는 상황이었지만, 이번 것은 그러지 않아도 되는 거군요.

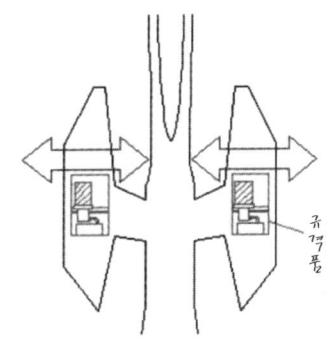

규격품 댐퍼를 쓸 경우의 개요

사사지마 씨 요구되는 스펙에 따라 다릅니다. 스펙에 들어맞는 규격품을 선정해야 하는데 (1) 규격화되어 있는 요구 성능일 것, (2) 선정된 규격품을 넣을 공간이 교각 귀 부분에 있을 것. 이 두 가지가 관건입니다.

이타니 씨 그렇게 되면 귀 자체가 움직이는 것이 아니라 댐퍼가 귀 안에 들어가고 그 힘이 교각 전체에 전달되는 형식이 됩니다.

B주임 I과장님, 그렇게 해도 될까요?

I과장 음, 납득이 가는 내용이니 괜찮겠지.

4 액티브 매스 댐퍼는 모든 교각에 필요한가?

이타니 씨 그리고 이걸 모든 교각에 넣어야 됩니까?

C주임 열세 개 있는데, 일단 전부에 넣을까 생각중입니다.

이타니 씨 그건 좀 낭비네요. 요컨대 가늘고 긴 형태의 구조는 흔들리기 쉽다는 것일 텐데, 짧다면 애초에 잘 안 흔들리는 형태거든요. 가장 긴 것과 같은 수준으로 교각 전부에 제진 장비를 다는 것은 너무 낭비라고 생각합니다.

C주임 확실히 가장 긴 것은 99.9m지만, 가장 짧은 것은 12.5m밖에 안 되는군요.

이타니 씨 보통은 여기서 들일 수 있는 비용에 따라 진동의 억제 수준을 절충하게 됩니다만, 그건 어떻죠?

B주임 여하튼 평범한 발주자가 아닌지라 요구조건이 지나치게 빡빡하지는 않거든요. 이쪽에서 제안하는 형태로 하는 편이 좋을 겁니다.

이타니 씨　방금 길이에 따라 진동의 양상이 다르다고 이야기 했습니다만, 솔직히 말하면 각각 탑재될 액티브 매스 댐퍼의 사양이 달라집니다. 그 스펙을 정해야 하는 번거로움을 생각하면 도입하는 수량을 최대한 줄이고 싶네요.

D직원　그건 무슨 말씀인가요?

C주임　아, 교각 길이가 다르니 진동이 증폭되는 **고유주기**도 각각 다르다는 말이군요.

B주임　그렇구나. 짧은 것은 빠르게 흔들리고, 긴 것은 천천히 흔들린다는 거야.

D직원　아, 그렇군요. 그럼 진동을 억제하는 제진 장치의 스펙도 변하겠네요.

이타니 씨　그렇습니다. 그래서 짧은 교각일수록 빠른 주기로 움직이는 모터를 넣어야 하지요. 물론 짧으면 진동 자체가 작으니 그렇게 무거운 추를 쓰지 않아도 충분히 상쇄할 수 있다는 측면도 있습니다만.

B주임　다시 말해 짧은 교각은 빠르게 움직이는 모터와 가벼운 무게추, 긴 교각은 느리게 움직이는 모터와 무거운 무게추가 필요하다는 말이군요.

I과장　어찌됐건 긴 것에는 필요하니 넣는 방향으로 하겠지만, 문제는 어느 길이까지 댐퍼를 넣을지 하는 건데, 이럴 때 비용 면에서 **빡빡한** 요구를 하지 않는 발주자라 다행이야. 정말 좋은 사람이네.

> **고유주기**
> 지진이 발생했을 때 높은 건물 안에서 느끼는 흔들림은 지진에 의한 흔들림 + 건물에서 증폭된 흔들림입니다. 각각의 건물은 진동이 증폭되기 쉬운 고유주기를 가지고 있는데, 그 주기로 흔들리면 점점 진폭이 커져 위험한 상태에 빠집니다. 매스 댐퍼는 이 증폭분을 억누르기 위한 장치입니다.

B주임 정확히 말하면 사람이 아니라 말을 할 수 있는 인공지능이지만요.

I과장 그런가? 그럼 여기선 개인적인 경험을 살려서 긴 쪽에서 일곱 개 정도까지 하는 게 어떨까?

B주임 하하, 그렇게 즉석으로 결정해도 되나요?

I과장 실은 사전에 C주임한테 댐퍼에 필요한 스펙을 산출하게 했거든. 그걸 보고 왔지.

B주임 아, 그렇군요.

C주임 사실 스펙은 구조계산에 의한 컴퓨터 시뮬레이션과 풍동 실험 등으로 정확한 수치를 산출할 필요가 있습니다만, 이번엔 어림 계산으로 대략적인 값을 내고 거기에 개인적인 가설도 추가했지요.

I과장 다소 대략적인 수치라도 터무니없는 스펙만 아니라면

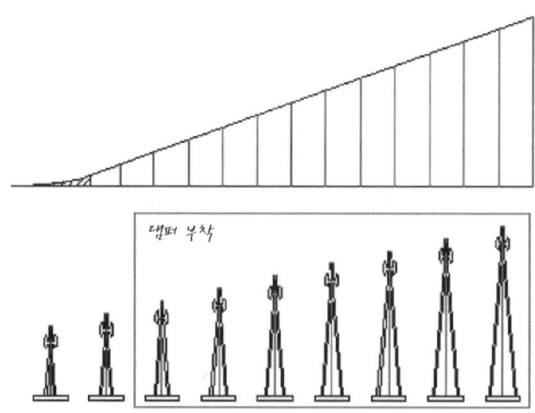

액티브 매스 댐퍼를 도입할 교각(높은 쪽에서 일곱 번째까지)

미츠비시중공업도 프로니까 잘 대응해주지 않을까 싶
어서.

C주임 😊 어림 계산이지만 이런 결과가 나왔습니다.

액티브 매스 댐퍼의 요구 스펙

(높은 쪽에서 일곱 번째까지)

진동 방향	교각 No.	높이 (m)	중량 (t)	고유주기 (초)	상정 진폭 (cm)	진동 억제 목표치(cm)※
선로 방향	1	99.9	720	8	75	20
	2	92.6	670	6.5	55	15
	3	85.3	610	5.5	40	12
	4	78.1	550	5	30	10
	5	70.8	500	4	20	10
	6	63.5	440	3	15	5
	7	56.2	380	2.5	10	5
선로 직각 방향	1	99.9	720	1.5	3	
	2	92.6	670	1.5	3	
	3	85.3	610	1	2.5	
	4	78.1	550	1	2	1
	5	70.8	500	1	2	
	6	63.5	440	1	1.5	
	7	56.2	380	1	1.5	

※진동 억제 목표치는 상정 진폭의 약 30%를 기준으로 잡았습니다.

B주임 😊 어떻습니까? 이 정도면 통상 규격품에 맞는 스펙일까요?

사사지마 씨 예, 이거라면 충분히 가능하겠습니다. 선로 방향의
75cm는 꽤 큰 편이라 액티브 매스 댐퍼가 없다면 상당
히 흔들리겠군요. 선로 직각 방향은, 진폭은 작지만 주
기가 짧으니 주행의 안정성을 위해 억누를 필요가 있

을 것 같습니다.

C주임 👮 그렇군요. 여하튼 따로 주문하지 않아도 된다는 거죠?

사사지마 씨 예. 이것으로 검토해서 견적을 뽑아보겠습니다.

B주임 👤 부탁드리겠습니다. 귀가 움찔움찔 움직이지 않는 덕에 중후한 철도구조물다워져서 개인적으로도 기쁘네요.

5 액티브 매스 댐퍼 합산에 보조전원장치의 비용은 필요한가?

D직원 😊 음, 액티브 매스 댐퍼의 견적을 내실 때 보조전원도 거기에 포함시켜주셨으면 하는데요.

B주임 👤 뭐야, 그게? 뭘 위한 보조전원인데?

D직원 😊 액티브 매스 댐퍼니까 전력을 이용해서 진동과 반대방향으로 무게 추를 흔드는 셈인데, 가령 대지진으로 전선이 끊어진다면 진동이 갑자기 증폭되지 않을까 해서요. 그것을 대비한 안전장치죠.

B주임 👤 아, 그래서 자체 전원으로 전력을 공급하자는 말이군.

D직원 😊 그 비용도 꽤 만만치 않아서 적산에 중요할 것 같은데요.

사사지마 씨 정전 순간 무게추가 급정지하면 충격이 발생하므로 10분 정도는 움직일 수 있는 전원을 내장한 사양으로 되어 있습니다.

D직원 😊 어째서 10분인가요?

사사지마 씨 그 후에도 전기가 끊어져 있는 상태라면 무게추를 제어할 수 없어서 오히려 증폭시키는 쪽으로 멋대로 흔들릴 수도 있거든요. 그럴 바엔 차라리 움직이지 않는 편이 좋을 것 같아서, 지진으로 흔들리는 동안에는 흔들림을 억누르다가 그 10분 동안 중심위치로 서서히 돌아간 후 거기서 고정되도록 했습니다.

D직원 😊 그 후엔 어떻게 되나요?

사사지마 씨 고정된 상태에서 전력이 복구되기를 기다립니다.

D직원 😊 극장판 2편에서처럼 기계인간 vs 인간의 싸움이 계속되어 전력의 공급이 쭉 끊어져 있는 상태일 경우엔 어떻게 되나요?

C주임 😎 '그 후로 2년'이라는 설정이니, 최장 2년은 전력이 끊겼을 가능성이 있는 셈인데요.

이타니 씨 전력이 생명줄이나 다름없는 이 미래도시에서 전기가 몇 개월씩이나 복구되지 않고 방치된다는 사실 자체가 상정 외의 비상사태가 아닐는지요. 철도 자체가 돌아가고 있을지도 의문인 상황인데.

D직원 😊 예? 하지만 극장판 2편 〈안녕, 은하철도999〉에서 철이가 999호를 탔을 때는 정말 이런 상황에서 999호가 올까 의심스러울 정도의 상황이었는데도, 999호는 지구에 내려왔다고요.

C주임 철이를 태우기 위해 억지로 착륙했다는 느낌이었지
만요.

B주임 역시 메텔의 커다란 의지가 교각을 지탱한 거겠지. 그
래서 날아오를 때는 무너져 내린 거야.

D직원 기술자가 할 말이 아니에요. 으음, 어쨌거나 그럼 보조
전원은 안 쓰는 건가요?

I과장 몇 년간 버티는 보조전원을 내장시켜 다리를 살리고
싶다는 마음은 있지만 그렇게 큰 전원을 만들 수 있을
지 의문이니, 이번 경우엔 도시 전체의 전력 공급과 연
동한다면 충분할 거라고 생각하는 게 좋지 않겠어?

B주임 또 묻고 싶은 것 없어? 끝났지?

이타니 씨 또 무언가 있다면 언제라도 연락 주십시오.

I과장 그럼 액티브 매스 댐퍼의 견적 건은 잘 부탁드리겠습
니다.

사사지마 씨 예, 잘 알겠습니다.

D직원 정말 감사합니다.

C주임 오늘, 긴 시간 감사했습니다.

B주임 감사했습니다. 모르는 게 생기면 다음엔 단체로 히로
시마에 출장 가서 여쭙도록 하죠.

I과장 이봐, 이봐.

다음에는 드디어 최종장, 견적 작업에 정차합니다.

이 프로젝트가 종료되기 전에 B주임은 과연 공상세계

대화 장치로 메텔과 이야기를 나눌 수 있을까요?

→ 미츠비시중공업 주식회사의 홈페이지는 여기

(http : //www.mhi.co.jp/tekken/products/disaster/index_top.html)

(http : //www.mhi.co.jp/hmw/stst/chimney/index.html)

이 사람에게 듣는다 ②

동일본 여객철도 주식회사의 회의 부스에서
긴장한 듯한 D군과의 기념사진

이시바시 타다요시 씨

동일본 여객철도 주식회사 건설공사부 부장, 구조기술 센터 소장

● 동일본 여객철도 주식회사 건설공사부 부장, 구조기술 센터 소장(2004년 7월 현재)
  공학박사 / 특별상급기술자(철강 · 콘크리트) / 기술사(건설부문)

이시바시 타다요시 씨는 1970년 일본국유철도에 입사하여 주로 콘크리트 구조물의 설계
및 설계 기준의 작성에 종사. 1983년 미야기 현 근해 지진을 현장에서 직접 체험한 경험
을 살려 여러 가지 내진보강공법을 개발. 1995년부터 현재 부서에서 근무.
휴일엔 동네 분들과 테니스를 치는 것이 취미. 합숙과 시합에도 적극적으로 참여하고 있
다고 합니다. 또 다른 취미인 원예는 노인처럼 보일까봐 남들에겐 좀처럼 밝히지 않는다
고. 재배하는 포도 이야기를 들어보니 병에 걸리지 않게 하는 요령, 가지치기 방법 등 무
엇에나 도전하는 폭넓은 경험과 깊은 지식은 거의 프로 수준. 요즘은 포도 외에도 여러
가지 과일나무를 키우고 있다고 합니다.

■1 고강도 강재의 사용에 대해

오랜 시간에 걸친 검토의 결과, 은하철도999의 발차대도 막바지에 이르렀다. 실제로 쓰이는 토목기술이 대부분이지만, 슬림한 교각과 상부공을 실현하기 위해 본 프로젝트에서는 여러 가지 새로운 아이디어를 도입했다. 그래서 이번엔 실제로 철도를 만들고 계신 권위 있는 철도기술자분에게 의견을 여쭈러 갔다. 공상세계가 아니라 현실 세계에서의 실제 발주자이기도 하므로 너무 송구스러웠지만, 그런 A부장의 걱정을 뒤로 하고 방문을 결정한 것은 C주임, D직원의 신세대 콤비였다.

신주쿠 남쪽 출구에 위치한 동일본 여객철도 주식회사 본사 건물의 18층 회의 부스에서 이시바시 부장과 판타지 영업부의 C주임, D직원이 대면.

C주임 😊 오늘은 바쁘신데 시간을 내주셔서 감사합니다.

이시바시 부장 뭘 만들고 있는지는 A부장에게서 들었네. 지금 어떻게 되어가나?

(C주임과 D직원이 대충 경과를 설명)

C주임 😊 그래서 몇 가지 마음에 걸리는 점에 대해 의견을 듣고 싶은데요.

이시바시 부장 말해보게.

C주임 🎖 우선 상부공 말인데, 영상에서 보이는 상부공은 레일과 침목만이 공중에 떠 있는 외관이므로 어떻게든 이에 가까운 형태로 만들어야 합니다. 현실적인 방법으로, 형교 방식을 취하는 대신 들보를 최대한 얇게 설계해서 침목 안에 넣기로 했지요.

D직원 🙂 들보 높이를 낮추기 위해 보통은 쓰이지 않는 $780N/mm^2$의 고강도 강재를 사용하기로 했는데, 그 결과 360mm로 꽤 영상에 가까운 물건을 만들 수 있는 단초를 잡았습니다.

이시바시 부장 화면에 나오는 디자인의 재현이 중요한 거로군. 침목은 레일의 게이지를 고정하는 역할을 하는 물건이니까 이렇게 잔뜩 넣지 않아도 돼. 그것을 굳이 이 간격으로 넣는 것은 애초의 디자인이 그런 이유도 있지만, 또 다른 이유가 있다면 보수점검을 할 때 그 위로 사람이 걸을 수 있도록 하기 위함이겠지.

C주임 🎖 그렇군요. 확실히 그런 것도 필요하겠습니다.

D직원 🙂 이 위를 사람이 걷는다니 상상만 해도 오싹하네요.

C주임 🎖 D군은 이 업계 사람치곤 높은 곳이 무서운 모양이네. 여하튼 결과적으로 영상과 비슷한 간격으로 침목을 넣은 덕에, 레일 밑에 들보가 있는 것이 감춰진다는 점에서는 유리하게 작용했습니다. 숫자가 많으므로 자중을

늘리지 않기 위해 최대한 가벼운 재질을 쓸까 생각중입니다만.

D직원 🧑 발포 우레탄 같은 건 쓸 수 없나요?

C주임 👮 그런 걸로 하면 그 위로 사람이 걸어갈 수 없으니 좀 더 단단한 것으로 해야겠지. 위를 걷는 것이 무섭다고 한 것치곤 위험한 생각을 하네.

D직원 🧑 그렇군요.

C주임 👮 여하튼 이 780N/mm²라는 고강도 강재 말인데요, 철도에선 새로운 재료를 쓸 때 반복하중에 의한 내구성을 반드시 확인해야 한다고 들었습니다. 하지만 이번 것은 들보 높이를 낮추기 위해 무슨 일이 있어도 이것을 써야 하지요. 그래서 생각한 이유인데, 이 열차는 초호화 열차 같은 것이라 1년에 걸쳐 우주를 여행하므로, 발차대를 쓰는 빈도가 1년에 몇 번 안 됩니다. 따라서 통상 하루에 200번씩 지나는 철도구조물과 같은 수준의 반복하중은 생각하지 않아도 될 거라 생각했지요.

이시바시 부장 하하하.

D직원 🧑 (작은 목소리로) 다행이네요. 재밌어 하시니.

이시바시 부장 그렇군. 열차가 자주 지나지 않는 건가. 그렇다면 레일 마모를 생각하지 않아도 될 테니 레일과 들보를 아예 일체형으로 만들지 그래. 그렇게 하면 지금보다 강도가 올라가서 들보를 좀 더 얇게 만들 수 있을지도 모르니 말이야.

D직원 🙂 예? 그런 게 가능한가요?

C주임 😎 레일은 기성품을 나중에 들보 위에 얹을까 생각했는데요. 그전에 함께 만들면 꽤 이상한 형태가 되는데, 만들 수 있긴 한가요?

이시바시 부장 음, **금형**(金型) 🔍 을 만들면 어떤 형태건 만들 수 있어.

C주임 😎 주문해야겠네요.

이시바시 부장 그렇겠지. 가격은 그만큼 비싸져서 대략 톤당 30만 엔쯤 하려나? 보통의 레일이면 톤당 10만 엔 정도니까 서너 배인 셈이야. 금형은 마모가 빨라서 많이 만들 때는 교환해야 되고 말이야. 다른 방법으로는 **압연**(壓延) 🔍 해서 제조하는 방법도 있는데, 압연용 틀은 마모가 잘 안 되긴 해도 단가가 비싸서 대량으로 레일을 만드는 경우가 아니라면 이점이 없지.

C주임 😎 발차대의 길이가 약 300m니까 두 개라고 해도 600m

🔍 금형
금속성(金屬性)의 형(型)으로 주요한 것으로는 주물(鑄物)을 만들 때에 사용하는 철이나 그 밖의 금속으로 만든 주형(鑄型), 플라스틱 등의 성형용(成型用)으로 사용되는 것, 위아래의 형(型) 사이에 금속의 얇은 판이나 플라스틱판 등을 끼우고 정해진 형상으로 압축해서 완성하기 위해 사용하는 금속제 형 등이 있음.

🔍 압연
금속의 소성(塑性)을 이용해서 고온 또는 상온의 금속재료를 회전하는 두 개의 롤 사이로 통과시켜서 여러 가지 형태의 재료, 즉 판(板)·봉(棒)·관(管)·형재(形材) 등으로 가공하는 방법. 고온으로 하는 열간압연(熱間壓延)과 저온에서 실시하는 냉간압연(冷間壓延)이 있음.

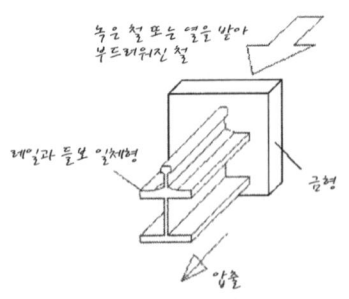

금형을 이용해서 레일과 들보를 일체형으로 제조한다?

밖에 안 돼요. 쓴다고 하면 금형 방법이겠죠.

D직원 😀 고강도 강재에선 H강이 규격품이 아니고, 어차피 이 정도 길이밖에 안 되니 철판을 사와서 용접으로 H 모양으로 조립할까도 생각했는데요.

이시바시 부장 으음, 용접이 가능하려나? 고강도라고 했으니 성분조절을 했거나 열처리를 한 것일 텐데, 성분조절만 했다면 용접은 가능하지만 만약 **열처리**🔖를 한 거라면 열을 가하면 원상태로 돌아가서 강도가 떨어져버릴 테니 용접은 불가능해.

D직원 😀 아, 그렇겠네요. C주임, 이 강재는 어느 쪽일까요?

C주임 👮 **나중에 조사해봐야 알겠지**🔖.

이시바시 부장 성분조절만 한 것이라고 해도 용접봉에 그 성분이 없으면 안 되니까 특수한 용접을 해야 할 거야.

> 🔖 **열처리**
> 강재의 성분은 바꾸지 않고 온도관리만으로 강도를 늘리는 방법. 잘 알려져 있는 예로는 칼을 만들 때 뜨거운 상태에서 물에 넣어 단숨에 급랭시키는 담금질 방법이 있습니다.

> 🔖 **나중에 조사해봐야 알겠지**
> 나중에 조사해본 바에 따르면 용접성이 향상된 것도 이 강재의 큰 특징 중의 하나라고 하니, 용접할 수 있는 재료라는 것을 알 수 있었습니다.

2 장대 레일의 실현성

C주임 👮 그리고 상부공의 들보가 휘면 주행 중에 승차감이 떨어지므로 휨을 억제하기 위해 장대 레일을 쓸까 생각 중입니다. 이상적인 것은 발차대 위에서 아래까지 통짜로 된 놈이겠죠.

이시바시 부장 음, 가능하지 않겠어?

D직원 👦 통짜로 하면 레일에 이음새가 없겠네요. 어릴 때 책에서 읽은 바에 따르면 여름엔 레일이 열에 의해 팽창해서 늘어나기에 그만큼 사전에 공간을 비워두지 않으면 레일이 휘어버린다고 하던데.

C주임 👮 요즘엔 롱 레일도 일반적으로 사용되니까 그렇지만도 않아.

이시바시 부장 그래. 예전엔 침목이 문자 그대로 나무로 되어 가벼웠기에 레일이 늘어나면 침목까지 들려서 궤도가 파도를 쳤어. 요즘은 롱 레일을 쓸 경우 콘크리트 침목을 써서 그 무게로 움직이지 않게 하지. 그렇게 하면 침목에 구속되어 레일이 늘어나지 않아. **밸러스트 위가 아니라 콘크리트 슬래브라면 바닥에 침목을 고정**🔍시켜버릴 수도 있고.

D직원 👦 그게 무슨 뜻이죠?

C주임 👮 열에 의해 늘어나려는 레일을 억지로 구속해서 붙들어 놓는다는 거야. 하지만 이번 것은 침목이 공중에 떠 있으니 무리겠지. 아, 맞다. 끝부분이 끊어진 상태로 끝나니까 늘어나더라도 그냥 방치해도 되겠네. 오히려 중간에 불필요하게 구속하지 않는 편이 왜곡 방지에 좋을 것 같기도 하고.

이시바시 부장 그리고 레일에 빈틈이 있으면 소음의 원인이 되기도 해서, 신칸센 등에선 일부러 장대 레일을 쓰고 있어.

> 🔍 **밸러스트 위가 아니라 콘크리트 슬래브라면 바닥에 침목을 고정**
> 통상 땅 위에 레일을 깔 경우에는 밸러스트(자갈)를 깐 후 그 위에 침목을 놓고 레일을 놓습니다. 침목이 움직이지 않도록 하려면 침목 자체를 크고 무겁게 해서 밸러스트에 묻을 필요가 있습니다. 지하철이나 발차대 등에선 슬래브(바닥)가 콘크리트로 되어 있는 까닭에 직접 바닥에 고정시키면 쉽게 침목을 고정할 수 있습니다.

km 단위의 것이 보통 쓰이고 있지.

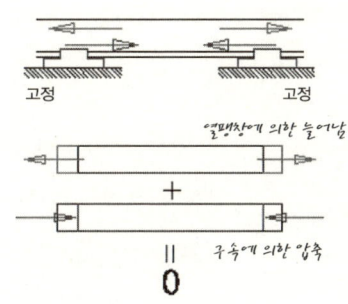

D직원 ● 그렇군요. 확실히 빈틈을 지날 때 덜컹 덜컹 소리가 나니 말이죠.

이시바시 부장 바퀴가 레일 틈에 끼는 충격으로 나는 소리라서 꽤 멀리 울려 퍼지지.

D직원 ● 어릴 때 전철 소리를 입으로 잘 흉내 내는 철도 마니아 친구가 있었는데, 포인트는 스피드 가 올라가면 그 덜컹거리는 피치를 덩달아 올리는 것 이라고 하더군요.

C주임 ● 내 친구는 전철에 타면 차장이 말하기도 전에 '다음 역 은~'이라며 차내 방송을 흉내 냈었지. 게다가 모든 역 에서 완전히 차장과 똑같은 어조로.

D직원 ● 아, 제 친구도 그랬던 것 같아요. 그래서 그 녀석과 전 철을 타면 항상 시끄러웠죠. 전철에서 나는 소리와는 별개로 옆에서 흉내 내는 녀석까지 있으니.

C주임 ● 완전 서라운드 음성이었겠네.

D직원 ● 꽤 입체적으로 들렸지요.

C주임 ● (작은 목소리로) 이야기가 상당히 탈선했으니 원점으 로 되돌리자고.

이시바시 부장 이 열차는 우주로 떠나는 것이니까 상당히 빠른 속도 로 달리겠군. 그렇다면 신칸센과 마찬가지로 레일에 빈틈이 없는 편이 좋을 거야.

C주임 👮 으음, 속도에 관해서 말하자면 날아가기 위해 로켓처럼 가속하는 것이 아니라, 뭐랄까…… 우주로 가서 두 번 다시 돌아오지 않는 사람도 많은지라 밤기차로 느긋하게 출발하는 정서의 연출이 더 중시되고 있습니다. 그래서 열차 모양도 구식 증기 기관차를 본떴다고 설명하고 있고요. 따라서 실제 C62 기관차와 비슷한 속도로 덜컹덜컹 달리는 것이라고 생각하시면 될 겁니다.

D직원 🙂 그러고 보니 영상 속에선 덜컹거리는 소리가 안 났었군요. 기관차에선 소리가 났던 것 같지만.

C주임 👮 그랬었나? 발차 신은 **고다이고**🎵의 노래가 흘러나오는 것 외엔 기억이 안 나서.

D직원 🙂 B주임이 노래방에서 항상 부르는 그 곡 말인가요?

C주임 👮 그건 극장판 마지막에 나오는 주제가고, 발차할 때 나오는 곡은 삽입곡이야.

D직원 🙂 곡에 묻힌 것일지도 모르지만, 덜컹거리는 소리는 분명 안 들렸던 것으로 기억해요.

C주임 👮 여하튼 이음새의 빈틈은 없는 것으로 해도 되겠지? 높은 곳이라 소음이 발생할 우려도 있지만, 그보다는 스무스하게 달리게 하고 싶으니 말이야.

D직원 🙂 롱 레일은 공장에서 현장까지 어떻게 운반하나요?

이시바시 부장 짐차로 50m짜리를 가져와서 현장에서 용접하지. 레일은 꽤 유연해서 50m짜리라도 커브를 돌 수 있어.

> 🐙 **고다이고**
> 1976년부터 1985년까지 활동했던 남성 4인조 그룹(2006년 재결성). 당시 1백만 장이 넘는 플래티넘 음반 판매량을 기록한 초인기 그룹이었다. (C주임이 말하는 곡은 극장판 1기 오프닝곡인 'Taking off')

D직원 🙂 몇 km짜리라도 가져올 때는 50m인 셈이군요. 발차대
는 300m니까 50m짜리 여섯 개를 다섯 번 이으면 충
분하겠네요. 레일과 들보가 일체형이라면 휘기 어려우
니까 좀 더 짧게 만들어야 될지도 모르겠지만.

C주임 👮 아, 그건 그러네. 여하튼 아까 이야기로 돌아가서, 고
강도 강재가 용접 가능한 재질이 아니라면 애당초 롱
레일로 할 수 없을 테니까 돌아가면 잊지 말고 조사해
보도록 해.

D직원 🙂 예.

3 교각에 액티브 매스 댐퍼를 쓰는 아이 디어에 대해

C주임 👮 끝으로 하부공에 대해서도 여쭙고 싶은데요, 교각의
제진 장치로 액티브 매스 댐퍼를 도입한다는 발상은
좀처럼 드물지 않나요?

이시바시 부장 토목구조물에선 진동 억제책이나 패시브 매스 댐퍼를
사용하는 일은 있어도 그렇게 적극적으로 진동을 제어
하는 일은 없지.

D직원 🙂 그건 왜 그렇지요?

이시바시 부장 액티브로 하면 컴퓨터를 도입해서 항상 흔들림에 대비

해야 되는데, 그게 멈추면 의미가 없잖아. 고층 빌딩 등에선 사람이 안에 상주하니 관리가 가능하지만 토목 구조물의 경우엔 누가 옆에서 항상 관리하는 상황을 만들기가 어렵거든. 섬세한 장치일수록 관리가 어려우니 유지관리를 덜 해도 되는 것을 쓰는 게 아닐까?

C주임 👮 **오일 댐퍼**(oil damper) 같은 건 별로 유지관리가 필요 없으니 말이죠.

이시바시 부장 사장교의 와이어 밑동이나 교각 꼭대기에 그런 물건이 쓰이지.

C주임 👮 이번 물건은 메가로폴리스 역 바로 옆에 위치하니 역사 안에 제어실을 두어 항상 감시할 수 있습니다.

이시바시 부장 그리고 지진이 발생했을 때 라이프라인이 절단되면 전원 공급이 끊기는데, 그 후에도 흔들림이 계속된다면 액티브로는 흔들림을 막을 수 없기도 하고.

C주임 👮 참고로 극장판 2편에서 이 다리가 붕괴되는데요, 도시 자체가 폐허가 되어서 전원공급이 2년 정도 끊긴 상태였을 때 999호가 그 위를 지나다보니 붕괴된 것으로 해석하고 있습니다.

이시바시 부장 이거 위쪽에선 열차의 무게가 고스란히 걸리게 되어 있지 않나? 레일이 끝났을 때 갑자기 부력이 생겨서 날아가는 건

> ⚙️ **오일 댐퍼**
> 기름으로 채운 수조에 구조물이 떠 있는 상태로 되어 있는데, 구조물이 진동으로 급격히 움직이려고 하면 기름의 점성이 그에 저항해서 진동을 억제합니다.

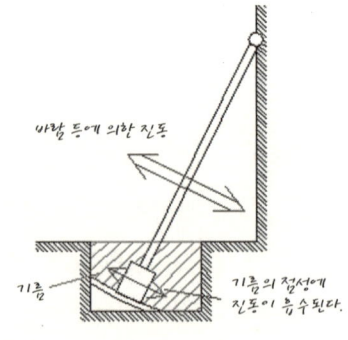

오일 댐퍼에 의한 진동 억제 사례

　　　　아닐 테니까, 달리는 도중에 조금씩 위로 뜨는 거겠군.

D직원 🙂 비행기도 조금씩 조금씩 공중에 뜨지요.

이시바시 부장 날개에서 생긴 양력으로 점점 가벼워지는 거지.

C주임 😀 내려올 때는 단숨에 쿵 착지합니다만.

D직원 🙂 어째서요? 조금씩 무게를 늘려 가면 되지 않나요?

C주임 😀 반쯤 떠 있는 상태는 불안정해서 옆에서 부는 바람 등
　　　　에 약하니까 땅에 접근하면 무게를 얼른 땅에 맡기는
　　　　게 더 안전해.

이시바시 부장 이건 우주로 날아가는 것이니 일반적인 비행기의 비행
　　　　방법과는 다르겠지. 분명 반중력 장치로 나는 것일 테
　　　　니 차츰차츰 떠오른다든지 착지할 수 있는 걸 거야.

아마 열차 전체에는 반중력 장치, 차내에는 인공중력 발생장치가 탑재되어 있는 것으로 보입니다.
TV판 113화 '청춘의 환영 안녕, 은하철도999(후편)'에서 발췌

C · D　　　예?

이시바시 부장　만화 등에 자주 나오잖아. 지구의 중력을 차단해서 나

　　　　　　는 방법.

C주임　아뇨, 저희 세대라면 몰라도 부장님이 그렇게 SF에 박

　　　　식하신 줄은 몰랐거든요.

D직원　저도 깜짝 놀랐습니다.

C주임　지금 우린 미래의 은하철도 주식회사에 가장 가까운

　　　　곳에 와 있는 것인지도 모르겠어.

이시바시 부장　그랬으면 좋겠군.

C주임　여하튼 오늘은 정말 감사했습니다.

D직원　정말 감사했습니다.

　　　　일본 철도기술 최고봉의 확인을 받은 판타지 영업부는

　　　　드디어 마무리 적산 작업에 들어갑니다.

　　　　안녕, 메텔. 안녕, 은하철도999—안녕히, 소년의 나날

　　　　들이여.

PART.10

궁지에 몰린 판타지 영업부

마츠모토 레이지 선생이 디자인한 우아한 다리의 제작. 여러 가지 안이 나오고 사라졌던 이번 안건도 드디어 적산에 돌입. 과연 은하철도999를 날려 보낼 수 있을까?

1 액티브 매스 댐퍼의 견적

판타지 영업부, A부장, B주임, C주임, D직원이 집합.

B주임 부장님, 시간이 되었는데 우리끼리만 이야기를 시작해도 될까요?

A부장 음, 토목부의 G과장은 나중에 올 거야. 그리고 I과장이 미츠비시중공업에서 도착한 견적을 가지고 올 예정인데. 아, 마침 왔군.

(건축 엔지니어링 설계부의 I과장이 등장)

I과장 여러분, 기다리셨습니까? 나오려고 하는데 전화가 와서 조금 늦었습니다.

B주임 아뇨, 이제 막 시작하려던 참입니다.

A부장 그럼 I과장부터 부탁합니다.

I과장 우선 우리의 요구 스펙에 대해 그쪽에서 결정한 액티브 매스 댐퍼 무게추의 중량과 전체 치수의 **제원**(諸元) 인데, 이렇게 되었습니다.

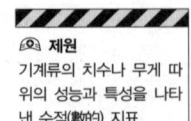

제원
기계류의 치수나 무게 따위의 성능과 특성을 나타낸 수적(數的) 지표.

D직원 😊 이 장치 본체 치수(선로 방향×선로 직각 방향×높이)가
두 타입으로 정리되어 있는 것이 규격품이로군요.

I과장 🐵 스트로크(stroke)라는 것은 무게추가 움직이는 거리를
말해. 이것으로 장치의 크기가 결정되니까 이 부분을
규격화하고 있지. 그리고 각각의 자잘한 성능 차이는
그 안에 탑재되는 무게추의 중량을 바꾸는 것으로 조
정하고 있어. 외형이 네모난 상자라서 '팩(pack)품'이
라고 부르지.

C주임 👮 우리 히카리가오카 본사에 장치된 댐퍼처럼 노출되어
있는 게 아니라는 거군요.

I과장 🐵 제조사에 따라 그런 차이가 있어. 장치 본체 외에 동력
판과 제어판이 있는데, 그렇게 크지는 않으므로 비어
있는 곳을 융통해서 넣는 거겠지.

탑재 액티브 매스 댐퍼의 제원

교각 No.	1	2	3	4	5	6	7
교각 높이(m)	99.9	92.6	85.3	78.1	70.8	63.5	56.2
설치 대수(대)	2	2	2	2	2	2	2
선로 방향 중량(t)	6	4	3	2	2	2	0.5
선로 직각 방향 중량(t)	3	2	2	1	1	0.5	0.4
선로 방향 스트로크(cm)	200	200	200	200	50	50	50
선로 직각 방향 스트로크(cm)	30	30	30	30	15	15	15
장치 본체 치수(cm) (선로 방향×선로 직각 방향×높이)	약 500×120×150				약 200×120×150		

C주임 🐹 선로 방향과 선로 직각 방향을 비교해보면 선로 방향
의 흔들림이 커서인지 무게추를 흔드는 스트로크도 그
쪽만 확 길어져 있네요. 두 방향 타입인데 마치 한 방
향 타입처럼 보일 만큼 편중되어 있어요.

D직원 😊 귀 안에 수납된 상태를 그려보았습니다. 이런 느낌이
네요. 선로 방향으로 귀가 길어지도록 조금 형태를 수
정했습니다.

B주임 😊 조금 옆에서 본 그림이 이미지와는 다르네. 좀 더 슬림
한 느낌이었는데.

C주임 🐹 정말 그러네요. 장치의 길이(선로 방향)가 250cm인 것
은 OK지만, 500cm나 되면 옆으로 너무 퍼져버리네요.
어떻게 할 수 없을까요?

B주임 😊 음……, 비싸게 먹히지만 가능할지도 몰라. 지금은 양
쪽 귀에 액티브 매스 댐퍼를 하나씩 배치하는 것으로
대응하고 있지만 이것을 두
개씩 배치하는 거지. 이 그
림을 보면 한쪽 귀에 위아래
로 두 개씩 설치할 여유 공
간이 있잖아. 그러면 그만큼
스트로크를 짧게 할 수 있지
않겠어? 이 형태라면 다들
만족하지?

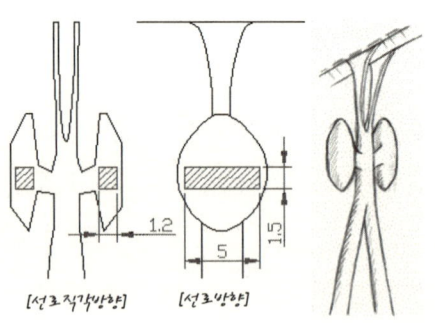

[선로직각방향]　[선로방향]

귀 안에 수납된 액티브 매스 댐퍼와 D군이 그린 비스듬한 각도에서
본 이미지 스케치. 이런 느낌인데 잘 재현한 거라 할 수 있을까요?

D직원 🙂 그러네요. 옆 방향도 슬림해졌네요. 다만 이렇게 딱 맞는 크기의 규격품이 없다면 따로 주문해야 되는데, 그럼 비싸지 않을까요?

A부장 😊 양쪽의 가격을 내보도록 하지. 먼저 모든 것을 규격화할 경우 교각 일곱 개 분량의 가격이 모두 얼마였습니까?

I과장 🐵 도합 3억 8500만 엔입니다.

D직원 🙂 아, 정말 제법 싸네요. 일곱 개 분량이라고 했으니 열네 개나 다는데 이 가격이라니.

I과장 🐵 내장된 무게추가 다른 만큼 전부 같은 가격인 것은 아니지만 말이야.

B주임 😊 마징가Z 격납고 때의 경험 덕분인지 억 단위의 가격을 들어도 여유가 있네. 적응이란 무서워.

A부장 😊 다음으로, 특주품을 쓸 경우엔 얼마쯤 됩니까?

I과장 🐵 제가 특주품이라는 것을 취급해본 적이 없어서 정확한 시세는 모르겠지만, 대략 개당 2억 엔쯤 할 거라고 생각합니다.

C주임 😎 그렇다면 교각 No.1~4까지 특주품을 사용한다고 치면, 4개×4개소×2억 엔=32억 엔.

I과장 🐵 거기에 No.5~7의 규격품 금액을 합산하면 도합 33억 7000만 엔.

D직원 🙂 자릿수가 다르네요?

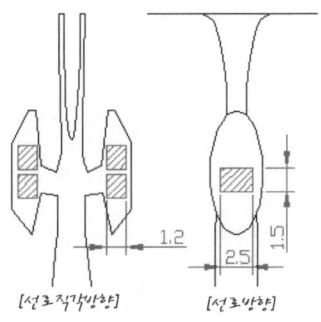

[선로직각방향]   [선로방향]

B주임의 안. 귀 안에 내장하는 댐퍼를 2단으로 하면 조금 슬림해지지 않을까?

A부장 이만한 금액 차이가 생긴다고 하면 우리도 비용절감 차원에서 은하철도 주식회사에 제안하도록 하지. 발주자가 다리 장식에 얼마나 집착하느냐에 따라 어떤 형태를 선택할지 결정되는 거야.

B주임 그게 좋을지 모르겠네요. 그런데 공기 쪽은 어떤가요?

I과장 규격품만 쓸 경우엔 구입품 수배가 약 8개월, 본체 제작이 약 8개월, 공장 확인 시험이 약 2개월, 현지 납입까지 도합 18개월이 걸린다더군.

B주임 제진장치는 꼭대기 부분에 다는 거니까 어차피 교각이 완성된 후에야 올릴 수 있어요. 그 18개월 동안 열심히 교각을 만들어야죠.

D직원 액티브 매스 댐퍼가 납입될 때까지 공백이 생기지 않는다는 말이군요.

I과장 그리고 설치 후에 현지에서 조정, 전기공사를 비롯한 성능 검증 시험 등을 하니까 그 공기가 약 3개월 필요할 거라고 생각하도록 해.

D직원 공장 시험과 현장 시험이 따로 있나요?

I과장 설계치와 실제로 완성된 것의 비교라고 생각하면 돼. 가령 이번 교각이 갖는 1차 감쇠정수(減衰定數)는 2%로 가정하고 액티브 매스 댐퍼를 설계했어. 감쇠정수란 구조물의 흔들림이 자연스럽게 작아지는 비율을 나타내는 수치인데, 구조물 내부에서 진동 에너지가 열

과 소리로 소비되거나 땅속으로 도망치거나 해서 점점 작아지는 걸 나타내지. 진폭비 d와 감쇠정수 h와의 관계는 $d = e^{2\pi h \sqrt{1 - h^2}}$ 으로 표시되는 까닭에 감쇠정수가 2%라면 첫 번째 진동에 대해 두 번째는 약 88%, 세 번째는 다시 그 88%로 줄어들게 되는 거야. 다만 이건 실제 구조물과 지반 조건 등에 의해 좌우되니까 세밀한 수치를 사전에 추정하긴 어려워. 설계 시엔 철골 건물은 1%, 무슨 건물은 몇 %, 이런 식으로 대략적으로 결정하지. 그리고 현장이 만들어지면 실물에 맞추어 세밀하게 조정해가는 거야.

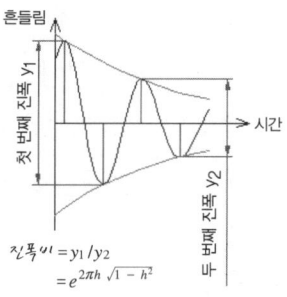

진동이 감쇠되는 현상을 수식으로 표현하면 이렇게 된다고 합니다. 이 감쇠정수 h를 이번 프로젝트에선 2%로 잡은 겁니다

D직원 음? 음???

B주임 D군, 어려운 식이 나오니까 감당이 안 되나 보네?

D직원 예. 999호의 기관부였다면 다운되기 일보 직전이에요.

B주임 999호의 기관부라면 수식에 이런 거부반응은 안 보일 거라 생각해.

과열된 999호 기관차의 컴퓨터. TV판 113화 '청춘의 환영 안녕, 은하철도999(후편)'에서 발췌

A부장 다시 말해 현지에 설치한 것에 대해 최종적으로 최대

한의 능력을 끌어내도록 조정한다는 말이로군.

I과장 👹 예. A부장님 말씀대로입니다. 이때의 설정치가 나중에 유지보수할 때 중요한 데이터가 되기도 하지요.

C주임 👮 그렇군요. 이건 만든 후에도 유지보수가 자주 필요할 테니.

I과장 👹 통상 1년에 한 번, 그리고 태풍 같은 큰 힘을 받으면 그 후 재깍재깍 하게 되지.

D직원 👶 그것도 적산에 들어가나요?

A부장 👹 초기건설비건 유지보수비건 결국 돈을 치르는 것은 은하철도 주식회사지만, 이번에 우리 회사가 견적으로 제시를 요구받은 것은 초기건설비뿐이니 유지보수비는 포함되지 않아.

C주임 👮 이 건조물은 100년이고 200년이고 오랜 기간에 걸쳐 유지해가야 하는데 유지 관리를 확실히 안 하면 그만큼 내용년수를 까먹을 것 같네요.

A부장 👹 초기건설비는 싸지만 유지보수에 돈이 많이 드는 물건, 초기건설비는 비싸지만 유지보수가 별로 필요 없는 물건. 최근엔 이처럼 건조물의 수명에 드는 **총비용**🔍을 따져서 비용이 최소화되는 안을 채용하는 건설안도 제법 나와 있어.

C주임 👮 이번 프로젝트는 우리가 물건을 납품하는 부분까지니까, 유지보수는 은하철도 주식회사가 미츠비시중공업

> 🔍 **총비용**
> 건조물의 전체 수명에서 발생하는 비용의 종류엔 초기건설비, 운용비, 유지관리비, 보수비, 해체철거비 등이 있습니다. 일반적으론 하나하나가 최소화되는 방법을 생각합니다만, 초기건설비는 비싸지만 보수 횟수가 줄어든다든지 하는 식으로 서로의 관련성이 발견된 까닭에 건조물의 수명 전체에 드는 비용이 최소화되도록 설계하는 방법이 주목받고 있습니다

과 별도 계약을 맺어서 하는 것으로 생각해도 될까요?

A부장 🙂 그렇게 되겠지.

2 하부공 최종안

(G과장이 들어온다)

G과장 🙂 늦었습니다. 일은 거의 다 진척되셨는지?

B주임 🙂 아뇨, 방금 과장님으로부터 액티브 매스 댐퍼의 견적
을 받아서 본 참입니다.

A부장 🙂 G과장에겐 하부공과 상부공 양쪽을 부탁해놨지.

G과장 🙂 예. 먼저 하부공부터 이야기하죠. 우선 간단히 복습하
자면 적산이라는 것은,

  (1) 필요한 재료의 수량

  (2) 어떻게 만드느냐

가 정해져 있지 않으면 안 됩니다. 그리고,

  (3) 언제까지 만들어야 하는가

하는 공기의 제약도 현실에는 있습니다만, 판타지 영
업부의 물건에는 별로 그런 게 없는 듯하니 생략하겠
습니다. 따라서 우선 필요한 재료를 파악하기 위해 지
금까지의 검토 결과에 따라 D군에게 도면을 그리게 했
습니다.

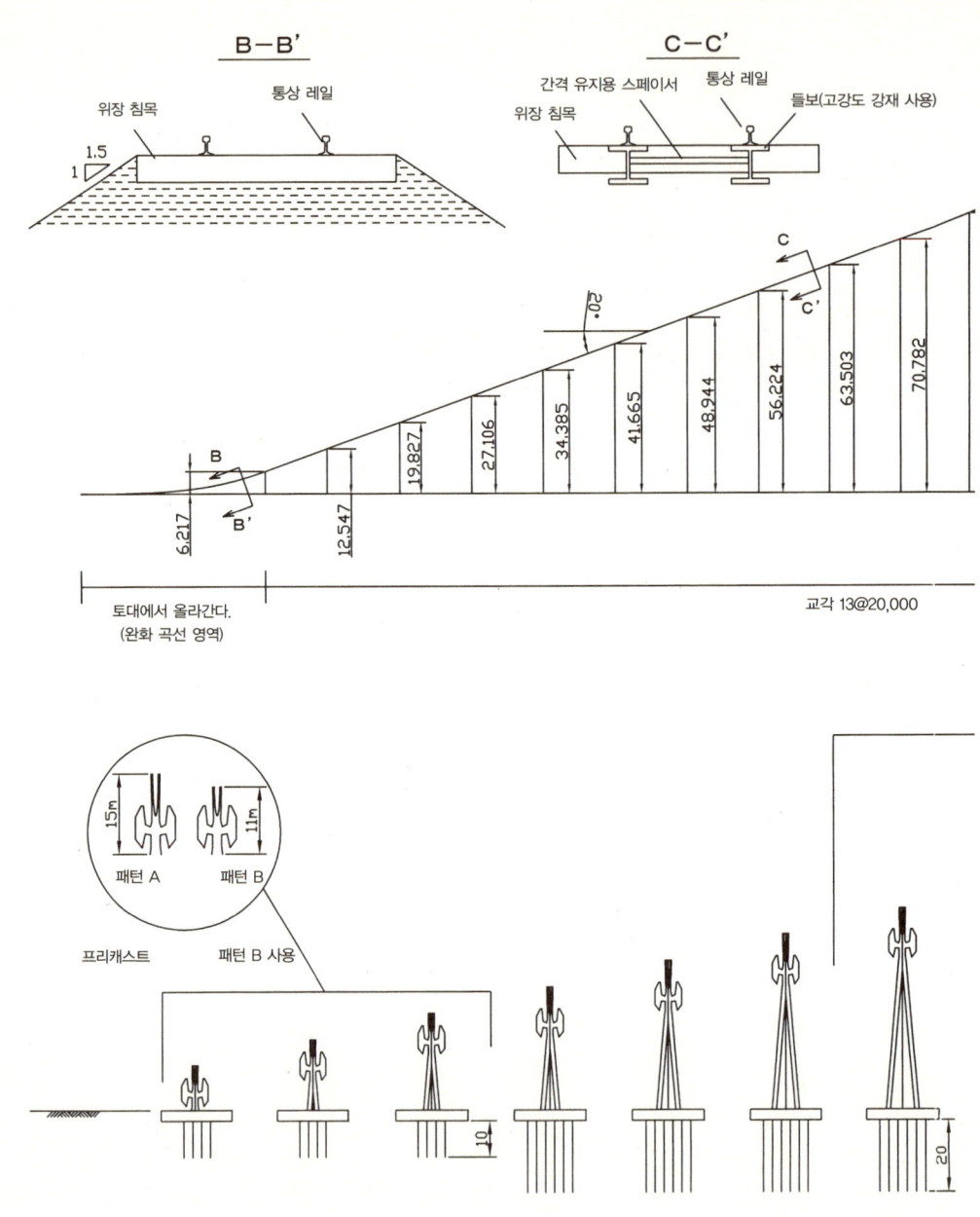

B-B'

위장 침목   통상 레일

1.5
1

C-C'

간격 유지용 스페이서   통상 레일
위장 침목   들보(고강도 강재 사용)

20°

C
C'

70,782
63,503
56,224
48,944
41,665
34,385
27,106
19,827
12,547
6,217

B
B'

토대에서 올라간다.
(완화 곡선 영역)

교각 13@20,000

15m   11m

패턴 A   패턴 B

프리캐스트   패턴 B 사용

10

20

전체 설계도, 이것으로 견적을 뽑아볼까 합니다

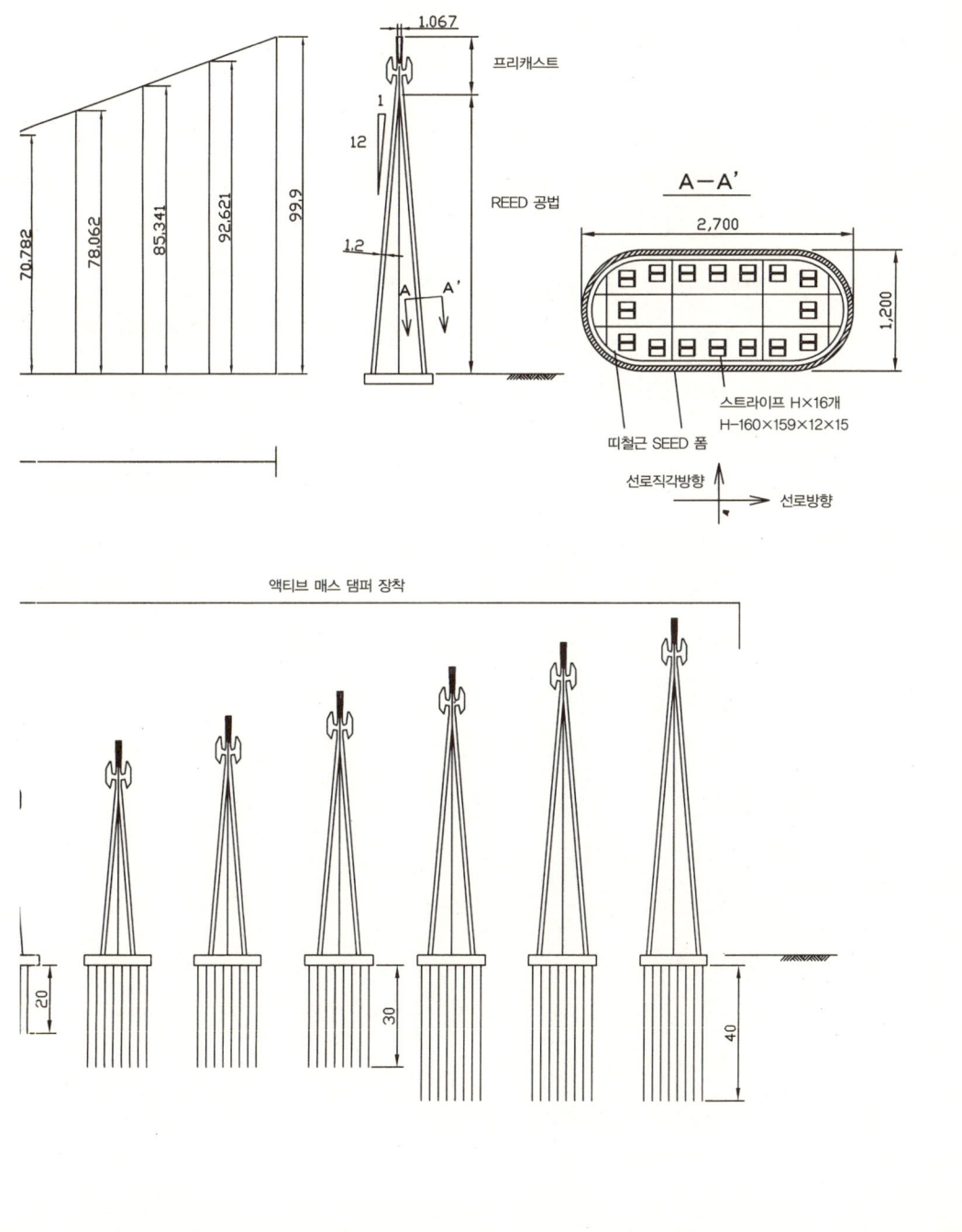

1.067

프리캐스트

1

12

REED 공법

1.2

A A'

70.782
78.062
85.341
92.621
99.9

A–A'

2,700

1,200

스트라이프 H×16개
H-160×159×12×15

띠철근 SEED 폼

선로직각방향

선로방향

액티브 매스 댐퍼 장착

20

30

40

| 도면명 | 은하철도999호 발착용 발차대 | 도면번호 | 999 | Rev. | A | 연월일 | 2004/09/17 | 철도 | 1:1000 | 업무번호 | E-999 |

D직원 ☻ 예. 이게 최종도면입니다.

G과장 ☻ 이것을 공정별로 세분화시켜 각각에 필요한 재료의 수량을 산출합니다만, 이번 경우엔 도면에 그려져 있는 것을 밑에서부터 차례차례 만들어갈 수밖에 없으므로 간단합니다. D군, 어떤 순서인지 알겠죠?

D직원 ☻ 음, **기초 말뚝**🔍, **푸팅**(footing)🔍, REED 공법의 다리기둥, 상부 장식부.

B주임 ☻ 오오! 잘 했어! 라고 말하고 싶지만, 토대가 있는 걸 빼먹었네.

D직원 ☻ 각 공정에 필요한 재료를 산출한 후 거기에 단가를 곱해서 더해가면 적산이 되는 거지요?

G과장 ☻ 그렇습니다. REED 공법이라면 SEED폼, 스트라이프 H, 경량 S·Q·C(슈퍼 퀄리티 콘크리트), 가설 발판, 크레인 대여료 등이 필요합니다. SEED 폼과 스트라이프 H는 REED 공법 고유의 특수한 재료인데, REED 공법은 기술적인 개발뿐만 아니라 적산 기준도 정비되어 있으므로 그것을 써서 산출할 수 있습니다. 이처럼 기술 개발뿐만 아니라, 보다 널리 쓰이도록 하기 위해 적산방법을 명문화(明文化 : 문서로서 명백히 함)한 적산 기준의 작성도 중요한 겁니다.

A부장 ☻ 영업 면에서도 그런 게 있으면 편리하지.

G과장 ☻ 여기서 각각의 재료의 수량을 산출해야 합니다만, 열

기초 말뚝
땅속에 박아 넣은 말뚝으로 지상에 있는 건조물을 안정시키는 공법.

푸팅
건조물의 힘을 지반에 전달하기 위해 폭이 넓은 판자 모양의 물건으로 일단 구조물의 힘을 받게 하는데, 그 판자 모양의 물건을 푸팅이라고 합니다.

세 개의 교각이 전부 높이
가 다르므로 하나씩 따로
따로 산출해야 했습니다.
하나를 산출해서 거기에
곱하기 13을 할 수 있다면
번거롭지 않은데 말이죠.

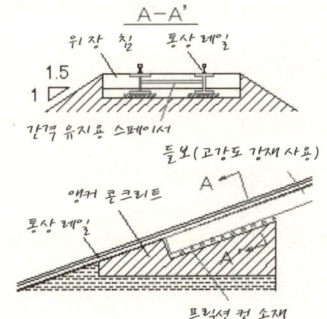

A부장 🙂 수고하셨습니다.

G과장 🙂 표 계산 소프트를 썼지요.

C주임 🙂 그리고 전에 F과장님과 이야기했을 때 나온 내용인데,
크기가 다른 크레인을 여러 종류 준비하면 열세 개 교
각 이곳저곳에서 동시에 작업할 수 있어서 효율이 좋
아진다고 합니다.

G과장 🙂 예. 그건 (1) 재료의 산출 다음 스텝인 (2) 어떻게 만
드느냐 부분이군요. 가장 높은 99.9m에 물건을 올릴
때 쓰는 크레인을 낮은 교각을 만들 때부터 쓰는 건 낭
비입니다. 크고 작은 크레인을 용도에 따라 사용하는
것이 이번 시공의 포인트가 될 것으로 생각합니다. 다
만 시행착오를 거쳐 최적의 조합을 발견하려고 하면
오히려 수많은 조합이 생겨버리니 아무리 시간이 많아
도 답이 안 나옵니다. 지금은 은하철도 주식회사에 프
레젠테이션을 하기 위해 대략적인 수치를 내는 것이
목적이므로, 여기선 경험에 기반을 두어 높이가 다른

네 종류의 것을 사용하기로 했습니다.

C주임 👮 저희들도 세 종류나 네 종류가 될 거라고 생각했네요.

B주임 👩 그렇게 해서 크고 대여료가 비싼 크레인을 사용하는 일수를 줄이자는 거군요.

G과장 👨 네 종류이므로 45m까지는 50t 크레인, 75m까지는 120t 크레인, 90m까지는 160t 크레인, 그 이상은 360t 크레인을 상정했습니다. 사용일수를 어림 계산하면 가장 큰 360t 크레인이 최단인 45일. 한편 160t 크레인은 111일, 120t은 329일로, 작고 싼 것일수록 사용일수가 늘어나는 것이 숫자로 명확히 드러납니다.

D직원 👦 음. 이런 식으로 시공방법이 결정되는 거군요.

3 하부공의 견적

A부장 👨 여하튼 상부공에 대해서는 차후에 설명을 듣도록 하고, 일단 하부공만 소계를 내주실 수 있습니까?

G과장 👨 예. 하부공의 공비는 31억 엔입니다.

B주임 👩 액티브 매스 댐퍼가 약 4억 엔이니 현재 합계가 35억. 그리고 상부공이로군요.

A부장 👨 내역을 가르쳐주실 수 있습니까?

G과장 👨 토대가 210만 엔.

D직원 　거기서부터 불쑥 시작하는 겁니까? 그전에 소계가 억
　　　단위라 210만은 자릿수에 밀려 보이지도 않는 수치인
　　　데요.

B주임 　자잘한 것이라도 그런 것이 쌓여서 총액이 되니까 잊
　　　어선 안 돼. 그나저나 흙을 쌓는 것이라 그런지 싸네.
　　　그렇다고 콘크리트로 만들 만큼 튼튼해야 하는 것도
　　　아니니.

C주임 　싸서 나쁠 것은 없는데요.

G과장 　교각 내역으로 가면 부품 하나하나의 내역과 기초,
　　　REED 공법 등 공종별의 내역으로 나뉘므로 일단 이런
　　　표를 만들어왔습니다.

D직원 　그렇군요. 높이에 비례해서 공비가 늘어나는 것이 아니
　　　라, 높아지면 갑자기 가격이 치솟는 것을 알 수 있네요.

C주임 　그리고 크레인 짐의 자세제어 장치 대여료에 관해선
　　　이것과 별개로 히비야 공동구 작업소의 타카하시 과장
　　　님께 문의했습니다. 그 가격을 가산해주시길.

B주임 　얼마래? 회전제어와 경사제어였지?

C주임 　두 개 합쳐서 월 38만 엔이라고 합니다. 크레인 네 종
　　　류를 병행해서 쓴다고 하면 네 세트가 필요하므로 한
　　　달에 152만 엔이네요. 약 2년간 쓴다고 치면 3650만
　　　엔. 하지만 가격보다, 이 물건을 찾는 곳이 많아서 빌
　　　리지 못하는 일이 많다고 하니 그쪽이 더 걱정입니다.

B주임 👶 그럼 제조사 현관에 가서 넙죽 절이라도 해야지.

C주임 👮 미츠비시중공업이라고 하네요.

I과장 🐵 어이쿠.

하부공의 공비 내역(단위: 억 엔)

교각 No.	1	2	3	4	5	6	7	8	9	10	11	12	13	토대	합계
기초 말뚝	1.3	1.3	1.3	0.9	0.9	0.9	0.4	0.4	0.4	0.4	0.1	0.1	0.1	–	9
푸팅	0.6	0.6	0.6	0.6	0.6	0.6	0.3	0.3	0.3	0.3	0.2	0.2	0.2	–	5
REED 공법 다리기둥	2.5	2.1	1.8	1.5	1.3	1.1	0.9	0.7	0.5	0.3	0.3	0.1	0.0	–	13
장식부	0.3	0.3	0.3	0.3	0.3	0.3	0.3	0.3	0.3	0.3	0.3	0.3	0.3	–	4
합계	4.7	4.3	4.0	3.4	3.1	2.9	1.9	1.7	1.5	1.3	0.7	0.6	0.5	0.0	31

※ 표 안의 [0.0]은 자릿수에 밀려 안 보일 뿐 수백만 단위의 숫자가 들어 있습니다. 공짜가 아니에요.

4 하부공의 공기

C주임 👮 공비는 알겠습니다. 그럼 하부공의 공기는 얼마쯤 되나요?

G과장 🐵 각 공정에 걸리는 공기는 품셈(步掛)에서 나오는데, 문제는 크레인을 여러 대 써서 병행으로 작업한다는 겁니다. 그 방식을 어떻게 하느냐에 따라 효율화를 꾀할 수 있지요. 구체적으로는 노는 작업인원과 기재가 생기지 않도록 계속해서 일을 순환시킬 필요가 있습니다.

B주임 교각이 열세 개 있으니 그곳에 기초 말뚝을 박는 작업 인원과 푸팅 작업인원, 크레인 등이 순서대로 와서 물건을 만드는 셈이야. 밑에서부터 순차적으로밖에 만들 수 없으니 첫 번째 교각의 푸팅이 일찍 끝난다 해도 두 번째 교각의 기초 말뚝이 끝나지 않았다면 작업을 계속할 수 없는 거지.

D직원 흐름 작업이로군요. 보통 사람이 있는 곳에 물건이 벨트 컨베이어(belt conveyer)를 타고 오는 것이 흐름 작업인데, 이건 사람과 기계가 흘러가는 방식이네요.

B주임 코페르니쿠스적인 발상의 전환이로군.

C주임 그렇다면 공기의 산정이 꽤 어려워지네요.

G과장 이것도 원래는 공정을 세밀하게 잡지 않으면 정확한 일수를 산출할 수 없습니다만, 그러려면 엄청난 시행착오를 겪어야 하니 경험상 이 정도는 단축할 수 있겠지 해서 월 단위로 간략화한 수치로 표현했습니다.

C주임 그렇군요.

G과장 37개월. 햇수로 따지면 3년 1개월입니다.

999호 교각용 액티브 제진 장치 검토

미츠비시중공업(주) 히로시마 제작소
교량 · 철제구조부 철제구조 장치 기술과
2004년 9월 22일 작성

제시하신 검토 조건을 바탕으로 개략적인 제진 장치 검토를 실시했기에 다음 표에 표기합니다. 검토할 때 제시하신 교각 1차 감쇠정수를 5%→2%로 변경해서 검토했습니다. 이건 거주성(居住性)에 관한 검토에 있어서(미세 진폭 영역에 있어서) 실적상 철골조에선 1% 정도로 검토하고 있고, 이번 구조물에 대해서도 2% 정도의 검토가 타당하다고 생각했기 때문입니다. 또한 응답을 1/3로 줄인다고 가정해도 감쇠정수의 설정치에 따라 제진 장치의 무게추 중량이 크게 영향을 받기 때문에 2%로 검토를 실시했으니 양해해주시기 바랍니다. 가령 이번 프로젝트의 교각 No.1을 감쇠정수를 5%로 하고 같은 조건으로 검토하면 무게추 중량이 15ton 정도 필요해져서 약 2.5배가 됩니다.

교각 검토 조건(제시 조건)

교각 No	1	2	3	4	5	6	7
교각 중량(ton)	720	670	610	550	500	440	380
유효중량※ (ton)	240	223	203	183	166	146	126
감쇠율(%)	2	2	2	2	2	2	2
선로 방향 주기(sec)	7.8	6.7	5.7	4.8	3.9	3.2	2.5
선로 직각 방향 주기(sec)	1.4	1.3	1.2	1.1	1.0	0.9	0.8
선로 방향 변위(cm)	74	55	40	28	19	13	8
선로 직각 방향 변위(cm)	3.2	2.9	2.5	2.2	1.8	1.5	1.3

※유효중량은 교각 전체 중량의 1/3로 가정

크라이테리아에 관해선 교각 No.1~3의 선로 방향의 변위가 10cm일 것이라는 지시를 받았습니다만, 장치를 설치해도 응답(변위)을 30% 정도로 줄이는 것이 한계라 판단했기 때문에 밑에 기재한 것처럼 크라이테리아를 완화시켰습니다.

크라이테리아(제진 목표)

교각 No	1	2	3	4	5	6	7
변위 선로 방향(cm)	20(0.28)	15(0.27)	12(0.30)	10(0.36)	10(0.53)	5(0.38)	5(0.63)
변위 선로 직각 방향(cm)	1(0.31)	1(0.34)	1(0.4)	1(0.45)	1(0.56)	1(0.67)	1(0.77)

(   ) 안은 감소율

미츠비시중공업 주식회사에서 받은 리포트. 알기 쉬운 코멘트가 첨부되어 있어서 많은 공부가 되었습니다.

각 교각의 제진장치 제원을 아래에 기재해둡니다. 이번 검토에서는 교각 하나에 장치를 각각 두 대씩 설치했습니다. 참고도를 아래에 첨부합니다. (단, 기재된 장치는 서보 모터＋볼나사 구동 장치를 나타내며 이번에 제안을 받은 리니어 모터 타입과는 구동 부분이 다르므로 그 점 양해 바랍니다.) 본 장치는 두 방향 대응 타입으로, 한 대로 선로 방향과 선로 직각 방향에 모두 대응합니다.

장치 본체 치수(가동분도 포함한 치수)를 기재해두었습니다만 선로 방향의 변위가 지정 치수와 크게 다릅니다. 애초에 요구하신 Φ1.6m×4.8m에 넣는 것은 크라이테리아를 대폭 완화하더라도 무게추 자체의 치수가 1m×1m 정도 필요해서 곤란하다고 판단했기에 본 치수로 검토를 부탁드립니다. 또한 액티브 장치인 까닭에 장치 본체 외에 제어판, 동력판이 필요합니다만 여기서는 설치 장소, 치수 등의 검토는 생략했으니 양해 바랍니다.

제작 공정에 관해선 구입품 수배 약 8개월, 본체 제작 약 8개월, 공장 확인 시험 약 2개월 정도로, 도합 18개월 정도면 현지 납입이 가능할 것으로 생각됩니다. 다만 제진 장치 설치 후에 현지에서 하는 장치조정, 성능검증 시험(전기공사 포함)에 약 3개월 정도가 필요할 것 같습니다.

액티브 제진 장치 제원(한 대당)

교각 No	1	2	3	4	5	6	7
설치 대수(대)	2	2	2	2	2	2	2
선로 방향 중량(ton)	6	4	3	2	2	2	0.5
선로 직각 방향 중량(ton)	3	2	2	1	1	0.5	0.4
선로 방향 스트로크(cm)	200	200	200	200	50	50	50
선로 직각 방향 스트로크(cm)	30	30	30	30	15	15	15
장치 본체 치수(cm) (선로 방향×선로 직각 방향×높이)	약 500×120×150				약 200×120×150		
추정 금액(천 엔, 두 대당)	80,000	70,000	60,000	50,000	50,000	45,000	30,000

※유효중량은 교각 전체 중량의 1/3로 가정

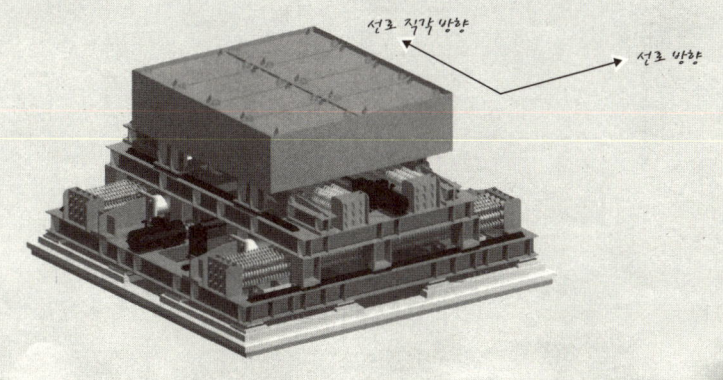

5 상부공 최종안

A부장 🙂 상부공의 적산도 G과장께서 제조사에 부탁하셨는데요.

G과장 🙂 하부공에 REED 공법을 쓰기에, 기술개발을 함께 한
바 있는 JFE그룹의 협력을 받았습니다. 건재 전문회사
인 JFE스틸 주식회사와 용접 전문인 JFE공건 주식회사
용접공사부 두 곳입니다. 현재도 우리 회사와는 교량
분야에서 공동으로 기술개발을 하고 있는 등 꽤 많은
도움을 받고 있지요.

A부장 🙂 그렇군요. 상부공은 선로와 침목이 떠 있는 것처럼 보
이는 슬림한 것을 만들어야 하는 **빡빡한** 조건이었으니
아무리 지인이라고 해도 부탁하기 껄끄러웠겠습니다.

G과장 🙂 말도 마십쇼.

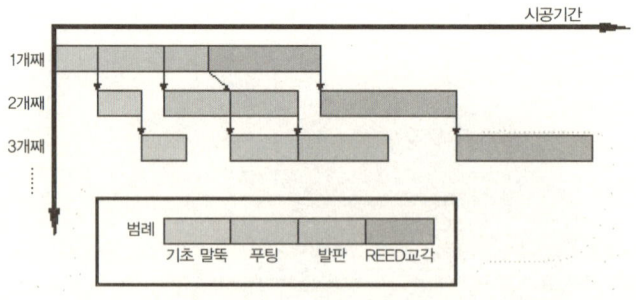

공정은 이런 그래프를 그려서 같은 기간 내에 병행해서 진행할 작업을 체크합니다

B주임 정말 죄송합니다.

G과장 아뇨, 실은 저도 사과할 일이 있습니다.

B주임 뭔데요?

G과장 조건으로 제시한 것이,

(1) 고강도 강재(780N/mm² 클래스) 사용

(2) 들보와 레일 일체형을 금형으로 압출 성형

(3) 들보는 분할해서 제작, 현장에서 용접하여 300m 까지 연결 등이었는데, 이게 여러 가지 문제가 있었습니다.

우선 (2)인데요, JFE스틸에선 특수한 형상의 강재를 만들 경우엔 압연 방식을 쓰지 **압출(押出)** 방식은 안 쓴다고 합니다. 압연으로 하면 복잡한 형태를 가공하기 어렵기 때문에 현재로선 기술적으로 불가능할 거라고 하더군요.

C주임 레일은 통상 강도라도 좋으니 들보만이라도 압연할 수 없을까요?

G과장 780N/mm² 클래스의 고강도 강재는 아직 H강까지 실용화가 진척되지 않았다고 합니다. 재료가 발명되어도 그것을 가공해서 대량생산할 수 있는 태세를 갖추려면 실제로는 수많은 기술적 허들을 넘어야 하는 거지요.

A부장 산업혁명 같은 것이라, 오히려 거기까지 가는 것이 더 어렵다고 해도 좋을 겁니다.

🔍 압출

단면이 균일한 긴 봉이나 관 등을 제조하는 금속가공법으로 영국의 J.브라마가 1797년에 납을 녹여 펌프로 밀어내어 연관(鉛管)을 만든 것이 그 시초이다. 크게 정압출법(正押出法)과 역압출법으로 분류되는데 전자는 압출되는 금속의 방향이 외부로부터 압력을 가하는 방향과 같은 경우이고, 후자는 이 방향이 반대가 되는 것이다.

B주임 고강도 강재는 H강으로 만들 수 없는 건가요?

G과장 형상을 가공하는 데 적합한 성분설계부터 시작하지 않으면 안 됩니다. 따라서 쉽게 만들 수 있다고 하긴 힘들다고 하네요. 다만 판 상태라면 지금도 만들고 있으므로 그것을 용접해서 H모양으로 조립하는 방법은 있습니다. JFE스틸로부터 현실적인 방안으로 그런 제안을 받았지요. 그런 식으로 만든 H강을 '빌드 H'라고 합니다.

D직원 그건 애초에 저희들이 생각했던 방법이네요. 압출식 일체 성형은 JR 동일본의 이시바시 부장님이 제안하신 건데, 그런 것이 가능한가 싶어 들뜬 마음으로 변경한 건데요.

C주임 부장님은 지금의 기술보다 조금 앞선 아이디어를 내주신 걸 거야.

A부장 판타지 영업부라면 해낼 수 있을 거라 생각하신 것인지도 몰라. 여하튼 빌드 H라는 현실적인 대안이 있다고 하면 개발기간을 예측할 수 없는 기술에 걸어보기 보다는 그쪽을 선택해야겠지.

D직원 조금 아쉽네요.

B주임 이번엔 어쩔 수 없어, D군.

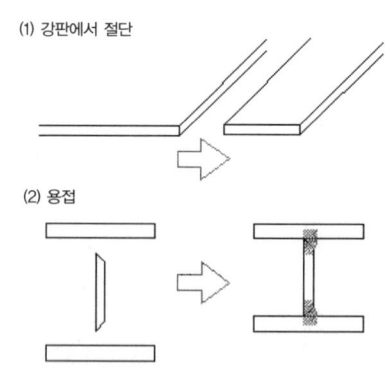

(1) 강판에서 절단

(2) 용접

빌드 H: 강판을 용접해서 H 모양으로 조립하는 방법. 현실적인 방안으로 제안 받았습니다

G과장 여하튼 그 방법으로 제작비용과 공기를 계산해보았습니다. 그 결과를 전해드리기 전에 한 가지 더 말씀드리자면…… 음, (3)에 대해선 트럭으로 운반할 수 있는 가장 긴 치수인 15m짜리로 제작합니다.

B주임 15m짜리를 실어온 다음 현장에서 스무 개를 이어서 300m로 만들자는 건가요? 잇는 횟수가 많으면 번거롭긴 하지만 운반하지 못하는 건 치명적이니 어쩔 수 없겠죠.

G과장 레일만이라면 화물 열차 수송으로 선로 신설 현장까지 최대 50m짜리를 운반할 수 있지만, 들보라면 그럴 수 없습니다. 참고로 배는 30m, 트럭은 15m가 상한선입니다.

B주임 레일만이라면 50m라니…… 들보도 그게 가능하다면 편할 텐데.

G과장 아뇨. 제조 단계에서도 50m 규모로 가공할 수 있는 공장은 없으므로, 만약 한다고 하면 공장의 증설, 대규모 기계의 신설부터 시작해야 돼요.

B주임 그걸 먼저 말씀해주셨어야죠. 그만한 설비투자를 해서 만드는 게 고작 50m짜리 열두 개라고 하면 더 이상 미련은 없어요.

A부장 음, 그러는 게 좋겠어.

G과장 여하튼 공정을 좀 정리해봤습니다. 이런 식이네요.

B주임 들보를 얹는 것은 밀어내기 공법인가요? 이 강재의 무게라면 크레인으로 들보를 들어 올려 얹을 수 있을 것 같은데요. 하부공 위에 올려놓은 상태에서 용접해서 잇는 방법도 있잖아요.

C주임 이번 공사는 높은 곳에서 작업해야 하니까, 하부공 위에서 잇는 방식이라면 기자재를 올리고 내리고 하는 것이나 불똥이 튀는 문제 등 이것저것 문제가 많지 않을까요?

B주임 그러고 보니 그러네. 밀어내기 공법은 가설 설비가 커지는 게 성가셔서 그랬는데, 잘 생각해보니 이번 공사는 들보가 얇고 가벼워서 그렇게 거창한 것은 안 되겠네. 알았어.

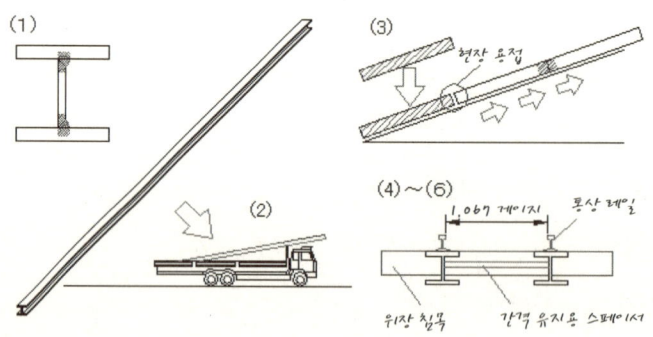

상부공의 시공 순서. (1) 고강도 H강을 공장 용접으로 제작, (2) 15m짜리를 현지로 운반, (3) 밑동 부분에서 밀어내면서 현장 용접으로 연장, (4) 들보 두 개의 간격을 유지시키는 스페이서를 설치, (5) 레일을 고정, (6) 침목을 위장

6 상부공의 견적

A부장   그래서 상부공의 견적은 얼마쯤인가요?

G과장   당초의 안에선 조금 벗어났지만 현실적인 제조방법으로 수정된 덕에 공비와 공기는 불확정 요소가 줄어들었다고 생각합니다. 우선 재료비 말인데요, 고강도 강재가 전부 다 합쳐서 약 200t. 고강도 강재는 톤당 약 24만 엔으로 잡으세요. 따라서 4800만 엔. 통상적인 강재가 7만 엔 정도 하니까 재료비만으로 서너 배입니다.

B주임   이번 것은 짧아서 다행이지만, 한 번에 왕창 쓰는 공사라면 장난 아니겠네요.

G과장   여기에 빌드 H를 만들기 위한 용접비를 포함하면 약 1억 1000만 엔이 됩니다. 본래라면 여기서 (1) 조립의 정밀도는 어느 수준까지 요구되는가, (2) 후에 왜곡을 수정하는 처리를 하는가 등을 정하지 않으면 정확한 가격을 산출할 수 없습니다만, 이런저런 용도라는 것을 이야기하고 어림 계산했습니다. 그리고 15m짜리를 운반한 후 그것을 현장에서 이어서 300m짜리로 만드는 가격인데요, 용접공이 네 명 붙어서 한 번에 약 50만 엔. 열아홉 번 이으므로 50만×19=950만 엔입니다.

D직원   합치면 들보 소계만으로 1.2억 엔이네요. 그밖의 재료는요?

G과장   레일은 일반적인 것을 쓰기로 했으므로 약 480만 엔. 그밖에는 들보 두 개의 간격 유지용 스페이서, 레일 고정용 지그, 프릭션 컷 소재, 위장 침목 등의 부대물이 가공비 포함 약 2000만 엔.

D직원   레일에 비해 빌드 H는 비싸게 먹혔네요. 역시 특주품을 쓰면 이렇게 되는군요. 여하튼 지금까진 재료 가격이었죠? 시공에 드는 비용도 있을 것 같은데.

G과장   시공에는 방금 전 B주임이 말한 것처럼 그렇게 무거운 것을 밀어내는 것이 아니므로 다른 유사한 공사에 비해 필요한 장치류를 소형화시킬 수 있을 겁니다. 그런 편리성을 고려하고 지금까지 우리 회사의 실적을 감안하여 어림 계산하면 가설+기계+인건비+중기 전부 합쳐서 약 2900만 엔이면 될 거라 생각합니다.

C주임   그렇다면 상부공의 소계가 도합 1.7억 엔. 총 공비는 아까 산출한 하부공, 액티브 매스 댐퍼의 소계 35억 엔을 합쳐서 도합 37억 엔이네요.

B주임   어? 잠깐만. 하부공에 비해 상부공이 상당히 싼 것 같은데요? 보통 다리에서 이런 비율은 안 나오는 것으로 아는데.

G과장   어째서냐면 그쪽에서 요구한 상부공의 스펙이 특별히 경미한 구조였기 때문입니다. 보통 철도에선 들보 위에 바로 레일을 까는 불안한 일은 안 하지요. 레일에

걸리는 힘을 일단 바닥판으로 받은 후 그것을 교각이 떠받치는 형태니까 전체적으로 좀 더 튼튼하게 만들어지고, 그것이 가격에도 반영됩니다. 이번 것은 그러한 것들이 생략되어 있는 만큼 싸진 것이죠.

C주임 😊 궁극적으론 들보도 없이 레일과 침목만이 공중에 떠 있는 것을 지향했으니 말이죠. 기각된 안이지만 레일을 팽팽하게 잡아당겨 줄타기를 시키자는 안도 있었고요. 상부공을 경미하게 하자는 방향성은 애당초 이 교각의 목표였기에 그것이 결과적으로 가격에 명백하게 반영된 것 아닐는지.

B주임 😊 그렇군. 납득했어. 그럼 이제 남은 건 공기뿐이네요.

G과장 😊 상부공의 공기는 이런 식으로 표로 정리했습니다.

D직원 😊 **71일. 약 4개월이네요.** ✏

G과장 😊 하지만 이 목록에서만도 병행작업으로 할 수 있는 부분이 있고 하부공을 만드는 동안 미리 해놓을 수 있는 부분도 있으므로, 밀어내기 자체는 두 달 조금 더 걸린다고 보면 될 겁니다.

C주임 😊 저기, 그렇다면 총 공기는 하부공, 액티브 매스 댐퍼분을 합쳐서 도합 3년 3개월이네요.

D직원 😊 지금부터 만들기 시작하면 작품설정인 2221년까지는 충분히 완성시킬 수 있겠네요.

B주임 😊 시간이 그렇게 충분하다면 오히려 못 만드는 것이 이

> 🔎 **71일. 약 4개월 이네요.**
> 가동일은 토요일과 일요일 등의 휴일을 고려해서 한 달에 20일로 계산합니다.

상하지. 문제는 그때까지 도지사에게 청원을 하든 뭘

하든 어서 메가로폴리스로 개명해야 한다는 거야.

D직원 🙂 영상에선 역명이나 승차권 등이 일본어로 쓰여 있었으

니 미래의 일본일 거라고 생각하는 게 자연스럽지만,

역시 실제로도 그런가요?

B주임 😊 당연하지. **'메가로폴리스는 일본의 쾌청한 날씨!'** 랬어.

외국인데 일본 날씨를 운운하진 않았을 거 아냐.

C주임 😠 그건 다른 프로그램이에요.

A부장 😊 좋아. 그럼 이것으로 견적서를 만들어달라고 하지. I과

장, G과장, 정말 감사했습니다.

B · C · D 정말 감사했습니다.

G과장 😎 아뇨, 이젠 이런 일에도 꽤 적응이 되어서.

I과장 🐵 다음엔 부디 건축 물건을 맡아 함께 일을 하도록 하죠.

> 🔍 **메가로폴리스는 일본의 쾌청한 날씨!**
> 〈특수전대 데카렌쟈〉 (2004년)도 메가로폴리스가 무대. 우연의 일치입니다만.

상부공의 시공 공기

No.	공종	일수
1	스팬 1~2칸(40m) 간격으로 **지보공**을 조립(가설 약 2000m³)	7
2	압출 기지 설치(형가대, 송출 장치)	7
3	교각 꼭대기에 가이드 및 미끄럼면 설치	3
4	첫 15m 들보 × 2쌍 조립	7
5	첫 압출	1
6	두 번째부터 열아홉 번째까지 압출	(1일+1일)×18회=36일)
7	최종 조정	3
8	압출 장치와 기타 장치 철거	7
합계		71일

> 🔍 **지보공**
> 땅이나 굴을 팔 때 흙이 무너지지 않도록 임시로 설치하는 가설 구조물

본 원고를 작성함에 있어서 JFE스틸 주식회사 건재 센터 건재기술부 토목기술실 니시자와 신지 씨와 JFE공건 주식회사 용접공사부 공사실 이와부치 요시카츠 씨의 협조를 얻어 지혜를 빌렸습니다. 정말 감사드립니다.

판타지 영업부 일동

→JFE스틸(주)의 홈페이지는 여기

  (http : //www.jfe-steel.co.jp/)

→JFE공건(주)의 홈페이지는 여기

  (http : //www.nk3.co.jp/)

또한 사내에선 견적 작업에서 다음과 같은 분들의 협력을 얻었습니다. 감사드립니다.

홍콩 지점 KCR 작업소 야마네 카오루 과장

칸토 지점 히비야 공동구 작업소

타카하시 히로유키 과장

토목본부 토목기술부 일반 구조 그룹

우치다 하루후미 과장

토목본부 토목기술부 일반 구조 그룹

타바타 미노루 부부장

토목본부 토목기술부 프로젝트 설계 그룹

이마니시 히데키미 주임

(이상 소속, 직함은 모두 2004년 10월 15일 현재 기준)

스톤커터즈 브리지,
세계최대의 사장교

이 프로젝트가 진행 중이던 2004년 5월, 저희 회사에 큰 뉴스가 날아들었습니다. 홍콩에서 '스톤커터즈 브리지'라는 프로젝트를 수주했다는 소식이었지요.

스톤커터즈 브리지는 길이 약 1600m의 계획 연장으로, 2010년에 완성되면 사장교 형식의 다리로는 세계에서 가장 긴 다리가 됩니다. 건조되는 곳은 홍콩 고속도로 8호 루트, 신계청의도(친이도)～구룡앙선주(스톤커터즈 섬)에 위치한 란브라 해협. 마에다건설은 Hitz 히타치조선 주식회사, 주식회사 요코가와 브리지, 신창영조폐 유한공사(현지 기업) 등 4개사와 함께 국제입찰을 벌여, 청의북 대교 등 과거 홍콩에서의 실적과 대공사에 대한 기술력을 평가받아 낙찰을 받기에 이르렀습니다.

* * *

이게 저희 회사에 있어 얼마나 큰 프로젝트냐 하면, 999호의 발차대가 막바지에 이르렀을 무렵(PART.10 단계에 해당) 슬슬 상부공의 적산을 부탁하기 위해 주위를 둘러봤더니 교량 부문 인력이 모두 현지에 가 있어서 의논할만한 사람이 주위에 아무도 없었을 정도였습니다. 그 사실에는 저도 깜짝 놀랐습니다만, 어쩔 수 없이 홍콩 지점으로 메일을 보내 자료와 시공조건 등을 교환하며 상부공의 견적 금액을 산출해내는 국제교류를 벌였습니다.

* * *

999호의 발차대는 교량 기술의 진수를 결집한 응용편입니다. 창업 당시엔 여러 가지 댐 건설을 맡아 회사의 토대를 쌓으며 '댐의 마에다'라 불렸습니다만,

세계 최장을 자랑하는 다리의 수주를 따냄으로써 본 프로젝트에 있어서도 커다란 순풍이 되었을 겁니다. 스톤커터즈 브리지를 만든 회사가 999호의 발차대의 견적도 뽑았다고 하면 현실과의 거리가 보다 가깝게 느껴지지 않는지요.

그렇게 생각하고 있었는데, 마침 이 프로젝트의 연재를 종료하고 나서, 2005년 6월에 홍콩 영화계에서 〈은하철도999〉를 실사화 한 영화가 기획 중이라는 소식이 들려왔습니다. 어쩌면 영화 세트로 정말 발차대를 발주하는 게 아닐까?! 기대했습니다만, 그렇게 되지는 않은 것 같습니다. 참고로 홍콩의 철도는 레일 폭이 넓어서(1435mm) 일본 사양의 1067mm로 검토한 이번 발차대는 쓰지 못하는군요. 아니, 그 전에 C62의 SL 자체가 홍콩에 없다고 A부장님이 말씀하셨습니다만.

스톤커터즈 브리지 이미지화
이 책이 나올 무렵에는 아직 완성되지 않았습니다
2010년 완성 예정

EPILOGUE

이리하여 며칠 뒤, 견적서가 판타지 영업부에 도착했습니다.

견 적 서

2005년 10월 1일

 마에다건설

마에다건설공업 주식회사
판타지 영업부

은하철도 주식회사 님

〈 메가로폴리스 중앙스테이션
은하초특급 발착용 발차대 일식 〉

37억 엔
※토지비 제외
공기
3년 3개월

(1) 본체 토목공사

본체 토목공사 소계	공비(백만 엔)
1) 하부공	3,162
2) 상부공	169
3) 토대	2
소계	3,333

1) 하부공

	수량	단위	공비(백만 엔)
1-1) 기초 말뚝	1	일식	866
1-2) 푸팅	1	일식	544
1-3) REED 공법 교각	1	일식	1,314
1-4) 장식부 프리캐스트	1	일식	351
1-5) 버클링 방지용 부대설비	1	일식	50
1-6) 크레인 짐 자세제어 장치 대여료	1	일식	37
소계			3,162

2) 상부공

	수량	단위	공비(백만 엔)
2-1) 고강도 강재	200	t	48
2-2) 빌드 H 가공(공장)	1	일식	62
2-3) 빌드 H 가공(현장)	1	일식	10
2-4) 밀어내기 시공	1	일식	29
2-5) 레일	300	일식	5
2-6) 위장 침목 등 부대설비	1	일식	15
소계			169

3) 토대

	수량	단위	공비(백만 엔)
3-1) 성토(盛土)	1	일식	2
소계			2

(2) 기계설비

	수량	단위	공비(백만 엔)
2-1) 액티브 매스 댐퍼	1	일식	385
소계			385

공사비 총계((1) + (2)) = 3,718(백만 엔)

B주임 👤 오오~ 완성됐다! 하지만 기술적으론 어려운데 가격에는 그다지 반영되지 않은 것처럼 보이는 건 기분 탓일까?

A부장 👤 실제 장대교에선 모형을 이용한 실험을 하는 등 검토 단계에서 상당한 돈이 드니 말이야. 이번 것은 순수하게 건설비만 반영한 프레젠테이션이니까.

D직원 👤 모형이라고 하니 생각났는데, 이번에는 마징가 Z 격납고처럼 모형은 안 만드나요?

C주임 👤 1/100 스케일로 해도 길이가 약 3m나 되니 말이야. 이동시키기 조금 곤란한 크기일지도. 스케일을 좀 더 작게 하면 이번엔 열차가 너무 작아서 초라해 보이고.

A부장 👤 열차는 역시 N게이지를 써야지!

D직원 👤 이번 프로젝트로 A부장님이 철도 마니아라는 것을 알 수 있었네요.

B주임 👤 그나저나 지난 번 프로젝트가 72억 엔인데 이번 프로젝트가 37억 엔이니 점점 싸지고 있네. 앞으로 프로젝트를 세 개쯤 더 하면 개인이 살 수 있는 가격의 물건이 나오려나.

C주임 👤 아뇨, 어쩌다 우연히 싸졌을 뿐, 의도해서 그렇게 된 건 아니에요. 이건 정말 해보지 않으면 알 수 없으니 말이죠. 전 처음에 120억 엔 정도는 되지 않을까 생각했다고요.

B주임 👤 37억 엔이라면 기계 몸보다 싼 거 아닐까?

C주임 👤 이건 은하철도 주식회사가 만들 경우의 견적이니까 만드는 장소나 조건이 달라지면 가격과 공기도 바뀌겠죠. 그리고 토

지는 발주자의 부지 내에 발주자가 준비해주는 것으로 생각하고 있습니다. 만약 토지가 없다면 그 구입비부터 포함시켜야 하지요. 기계 몸과 비교해서 어느 쪽이 더 비싸냐고 묻는다면, 어느 쪽이건 평범한 사람에겐 무리가 아닐지.

　　D직원　정말 그래요.

　　A부장　그나저나 우여곡절이 많았던 Project 02도 무사히 끝나 다행이야.

　　B주임　우리도 겨우 종착역에 도착했군요.

판타지 영업부의 은하철도999편도 마침내 종착역에 도착했습니다. TV판 제112화 '청춘의 환영 안녕, 은하철도999(전편)'에서 발췌

이리하여 마에다건설 판타지 영업부의 두 번째 프로젝트 '은하철도 주식회사용 메가로폴리스 중앙 스테이션 은하초특급 발착용 발차대 공사' 계획은 완료되었습니다.

만약 이 책을 보시는 분 중에서 앞서 기술한 금액과 공기를 보고도 '정말로' 은하철도999의 발차대를 저희 회사에 발주해주실 분이 계시다면 시공 장소 등 제반 조건에 걸맞은 계획으로 수정한 후, 필요한 제반 실험 비용을 포함시켜 실제로 시공하도록 하겠습니다.

'귀댁의 뜰에서 안드로메다로'
마에다건설 공업 주식회사 판타지 영업부

이번 프로젝트에선 입찰방법이 바뀌었습니다 ~ 총합평가방식

공상세계의 고객도 현실세계와 마찬가지로 여러 종류의 분이 계십니다.

'Project 01: 마징가Z 지하기지를 건설하라!' 때에는 판타지 영업부에서 작성한 견적서를 광자력 연구소의 유미 교수에게 일반경쟁 입찰 형식으로 제출했습니다. 유미 교수는 여러 회사에서 제출한 견적서를 대조해서 금액이 싼 회사에 일을 발주할 수 있습니다.

이번 Project 02의 은하철도 주식회사 건설국에선 20P의 영업정보 속보의 '입찰 구분'란에 있는 것처럼 일반 경쟁에 총합평가방식이라는 조건을 추가하였습니다. 이것이 무엇이냐 하면, 발주자가 입찰된 내용에 대해 가격뿐만 아니라 그 이외의 요소(예를 들면 기술, 성능, 기능, 안전성, 환경에 대한 배려 등)도 고려해서 총합적으로 보다 유리한 조건을 제시한 회사를 선택할 수 있는 시스템입니다.

구체적으로 말하면, 기술 등의 플러스 요인에 대해 가산점이 부여되어 표준점 + 가산점이 최종 점수가 됩니다. 이것을 입찰가격으로 나누어 산출한 것이 평가치인데, 이것을 비교해서 가장 높은 수치를 기록한 입찰자에게 일이 낙찰됩니다. 따라서 가격을 가장 싸게 입찰하더라도 다른 회사 중에 가격은 거의 비슷한데 기술점이 보다 많이 가산된 곳이 있다면 평가치의 비교로 후자 쪽에 낙찰될 가능성이 생깁니다. 이번 999호의 발차대처럼 어려운 물건에선 가격경쟁으로 인해 질이 떨어지는 것을 막기 위해 반드시 총합평가방식으로 할 필요가 있을지도 모릅니다.

참고로 이 낙찰 기준은 공정하고 투명성이 있기에 건설업계뿐만 아니라 최근 많은 분야에서 채용되고 있습니다.

* * *

만약 입찰이 총합평가방식이 될 경우, 건설회사에선 그 대책으로 가산점을 많이 취득하기 위해 표준적인 공법을 쓰기보다 오히려 독자적인 기술 제안을 도입할 필요가 있습니다.

저희 회사도 이번 프로젝트에선 (1) 교각의 시공방법에 REED 공법, (2) REED 공법의 조립에 원격조작 시스템, (3) 사용하는 콘크리트에 경량 S·Q·C(슈퍼 퀄리티 콘크리트), (4) 제진에 액티브 매스 댐퍼 등등의 아이디어를 적극적으로 도입했습니다. 이것들은 특수한 공법이므로 사용 시 가격적으로 꼭 싸진다고는 할 수 없습니다. 하지만 교각을 슬림화하고, 안전하고 높은 품질로 실현하기 위해서는 꼭 필요하다고 판단해서 채용을 결정한 것들뿐입니다.

각 사에서 가지고 있는 기술은 다르므로 어디에 어떠한 특색을 낼지는 천차만별입니다. Project 02가 지난번에 비해 마에다건설의 독자색이 꽤 강한 내용으로 계획된 것은 그 때문입니다.

* * *

또한 일반경쟁 입찰에선 기한까지 입찰한 것이 한 회사뿐이라면 자동적으로 그 회사에 낙찰된다는 것을 알려드립니다. 공상세계 대화장치가 마에다건설에만 있기를 기원할 뿐입니다.

후기

🚑 읽어주셔서 감사합니다

'마에다건설 판타지 영업부'는 2003년 2월부터 마에다건설 공업(주)의 홈페이지 상에 연재되고 있는 Web 기획입니다. 본서는 그 2탄 '은하철도999편'(2003년 11월~2004년 10월까지 매달 연재)에 가필 수정한 것입니다.

연재 당시엔 좌충우돌 식으로 매달 원고를 쓰다 보니, 앞에서 말한 것을 나중에 철회하기도 했기에 스토리라인을 정리했습니다. 또한 2005년 일본 SF 대회(HAMACON2)에서 이 은하철도999편의 프레젠테이션을 했을 때 관객 여러분에게서 반응이 컸던 뒷이야기를 칼럼으로 추가했습니다.

왜 〈은하철도999〉를 제2탄 소재로 골랐느냐는 질문을 자주 받습니다. 그 이유는 두 가지입니다. 하나는 제1탄이 지하를 파내는 것이기에 제2탄에선 하늘로 높이 치솟는 것일 것. 토목 다음은 건축 분야를 할 생각이었기에 초고층빌딩이 후보였습니다만, 독자들에게 현실에선 무리가 아닐까 하는 인상을 줄 수 있는 거대한 스케일의 것은 현재 기술로는 정말로 불가능하기에 토목의 꽃인 다리에 착안했습니다. 또 한 가지는 제1탄인 마징가Z편에 대해 독자 분들로부터 '재밌지만 너무 옛날 작품이다. 좀 더 새로운 애니메이션을 보고 싶다'라는 의견이 많았기 때문에 소재를 좀 더 새로운 것에서 찾고, 또한 멤버 개인의 취향에 합치되는 작품을 찾다 보니 〈은하철도999〉로 결정된 것입니다. 이에 대해 Web 독자들에게 '이것도 옛날 작품인 건 마찬가지다' '제작자의 연령층이 훤히 들여다보인다'라는 반응을 얻을 수 있었습니다.

이처럼 매달 갱신될 때마다 독자 여러분의 의견을 바로바로 들을 수 있다는 건 정말 고마운 일이었습니다. 저희들이 눈치 채지 못한 사항에 대한 지적과 성원 등 적극적인 참여가 이어졌고, 특히 시작했을 당시엔 독자들로부터 온 메일에서 많은 격려를 받았습니다. 이 자리를 빌어 다시 한 번 감사드립니다.

이 기획은 읽을거리로서 단방향으로 발신되는 정보입니다만, 인터넷의 양방향성 덕분에 독자들로부터 얻을 수 있었던 반향을 보면서 상호적인 '엔드 유저(최종소비자)와의 커뮤니케이션'의 중요성을 강하게 느낄 수 있게 되었습니다. 건설업계에선 직접 고객(발주자)의 요망에 따라 여러 가지 구조물을 건설합니다. 하지만 실제로 사용하는 것은 공공시설이건 맨션이건 대부분의 경우 발주자보다는 그 외의 사용자분들입니다. 발주자의 요구를 충족시키더라도 사용자가 쓰기 편한 것이 아니라면 좋은 것을 만들었다고 할 수 없습니다. 다시 말해 모든 사용자가 건설회사에 있어서는 스테이크홀더(이해관계자)인 셈입니다. 따라서 여러분과의 커뮤니케이션을 적극적으로 취하며 이용하기 쉽고 가치 있는 물건을 제공하는 것이 앞으로의 건설업계에선 특히 중시될 터이니, 이 판타지 영업부처럼 인터넷이라는 미디어를 살린 형태로 그런 것이 가능해진다면 좋겠다는 생각을 해봅니다.

앞으로도 이 책을 읽어주시는 여러분들에게서 의견이나 감상을 들을 수 있다면 기쁘겠습니다.

이 책의 제작에 관해선 매우 많은 분들의 협력을 받았습니다. 우선 Web에 공개할 당시부터 이 기획의 서적화를 제안해주시고 끝까지 그 의지를 관철해주신 겐토샤 여러분께 감사드립니다. 또한 〈은하철도999〉를 소재로 사용하는 것을 허락해주신 마츠모토 레이지 선생과 토에이애니메이션(주)의 여러분, 한국어판 발간에 힘써주신 스튜디오 본프리 여러분, 그리고 끝으로 사원이 일방적으로 시작한 기획이었던 판타지 영업부를 승인해주시고, 회사의 이름을 내걸고 세상에 낼 수 있도록 허가해주신 마에다건설에 감사드립니다.

2007년 8월
마에다건설 판타지 영업부 일동 백

편집 후기

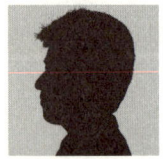

마침내 999편이 서적화! Web에서 한 연재가 책이 되어 이렇게 집어들 수 있는 '리얼한 것'이 되니 기쁨과 즐거움으로 가득합니다.

메텔 사진에 설렜던 일이라든지 최고도달점 99.9m를 억지로 결정한 것 등 연재 시의 추억은 헤아릴 수 없습니다.

현재는 인사부로 이동하여 채용을 담당하고 있습니다만, 채용 시험 과정에서 학생들로부터 "판타지 영업부를 계기로 마에다건설을 알게 되었습니다!"라는 말을 듣기도 하고, 지망 동기에 '판타지 영업부 같은 부서가 있는 회사에서 일하고 싶다'고 쓰여 있는 이력서를 여럿 보면서, 이런 곳에도 판타지 영업부 효과가 있었구나! 하고 놀랄 뿐입니다.

저희들의 일은 '꿈을 형태로 만드는 일'입니다. 이런 꿈같은 프로젝트를 진지하게 검토했습니다. 999편부터는 여러분께서도 '제작'의 즐거움을 조금이라도 느끼실 수 있다면 기쁘겠습니다.

이토 아야코

연재 직후에 제가 본업으로 바빠져서 노모토 군을 중심으로 진행한 성과가 이 999편입니다. 과거를 그리워하며 먼 옛날처럼 느끼게 되는 것은 그동안 노모토 군이 아버지가 되었다든지 999편이 끝난 후로 2년 이상 경과했다는 이유에서가 아니라, 유감스럽게도 저희 회사를 비롯한 건설업계가 '어려운 국면'에 있기 때문일 겁니다. 여러분에겐 정말 많은 심려와 폐를 끼쳐드렸습니다. 그러한 와중에도 마츠모토 선생과 토에이애니메이션을 비롯하여 이번에도 많은 분들의 이해와 지원을 얻을 수 있었습니다. 정말 감사드립니다.

설령 앞이 보이지 않는 긴 터널 안에 있더라도 빠져나가기 위해서는 999호처럼 전진할 수밖에 없기에, 언젠가 이 후기를 그리워할 날이 올 것을 믿을 뿐입니다.

이와사카 테루유키

'건설업의 신뢰회복' 이전에 먼저 건설업의 일 내용과 어떤 사람이 그것을 하고 있는지를 좀 더 많은 사람들에게 알리고 싶다는 순수한 마음으로 시작한 자발적인 활동. 이 내용이 신문, 잡지, TV 등 많은 미디어에서 다루어지고 서적이 되어 판매대에 진열되게 된 것도 이 기획에 참여해주신 모든 분들과 실제로 이 내용을 읽어주신 분들 덕분입니다. 감사합니다.

Web에 공개된 시점에서 출판에 이르는 시기 동안 공공투자는 매년 삭감되고 공공공사품(公共工事品) 확법(確法)의 제정, 독점금지법의 개정과 입찰계약 제도 개혁 등 건설업을 둘러싼 사회 환경은 크게 변화했습니다. 이 변화에 대응하기 위해 종래의 건설업에서 탈피하여 새로운 건설업의 존재방향을 모색하고 이용자 여러분과 함께 꿈과 매력이 있는 사회를 만들어가고자 합니다.

우에다 야스히로

〈999〉편의 제작에 있어서 가장 인상에 남았던 것은 '교각의 높이를 몇 미터로 설정하느냐' 하는 이야기를 나누었을 때입니다. 스태프 한 사람이 "999니까…… 99.9m겠지!" "어? 999m가 아니고?" 황당해하면서도 '그럴 거야, 그 높이일 거야. 그렇다면 만들 수 있어!' 라며 납득. 이처럼 억지와 유연한 사고가 쌓이고 쌓여 마침내 999편이 종착역(책의 출판)에 도착한 것을 정말 기쁘게 생각합니다.

어릴 때 가족들과 함께 열심히 보았던 〈은하철도999〉. 어른이 된 후에도 그 매력은 빛이 바래기는커녕 더욱 빛을 내며 많은 사람들을 끌어당기고 있습니다. 마찬가지로 999편 제작에 들인 정열과 시간도 계속 빛을 내며 평생 소중한 추억으로 남을 거라 생각합니다.

마츠모토 선생님, 토에이애니메이션 여러분, 그리고 이 책을 구입해주신 여러분, 정말 감사드립니다.

노나카 모모코

Web판, 서적판의 집필 담당으로서 하고 싶은 말은 본문 내에 모두 털어놓았습니다. 실은 모형까지 만들고 싶었습니다만, 1/100 스케일이라도 3m를 넘는 길이가 되고, 부재가 가늘어서 운반의 충격에 버틸 수 없기에(본문 내에서 검토한 지진과는 비교도 안 됩니다. 모형에는 댐퍼가 들어가지도 않고요) 단념했습니다. 양해해주시기를.

끝으로, 이 책을 아들에게 바칩니다. 이 기획이 없었다면 아빠와 엄마는 만나지 않았을 겁니다. 만약 미래에 타임머신에 탈 수 있다면 2001년으로 돌아가서 이와사카 아저씨에게 이 기획을 제안하고 오려므나. 그리고 2004년으로 돌아와서 매주 말이 되면 찻집에 틀어박혀 Project 02의 원고를 필사적으로 쓰고 있던 아빠에게, 얼마 후면 인생 최대의 보상이 도착한다고 가르쳐다오.

노모토 코스케

공상과학 현실화 프로젝트 02

은하철도999 발차대를 건설하라!

1판 1쇄 인쇄 _ 2009년 5월 7일
1판 1쇄 발행 _ 2009년 5월 15일

지은이 _ 마에다건설 판타지 영업부
옮긴이 _ 김영종
펴낸이 _ 김승현
발행처 _ **스튜디오 본프리**(www.born-free.co.kr)

등록 제300-2004-72호 (2002년 2월 8일)
주소 서울특별시 종로구 혜화동 26-6
전화 02-742-2352(편집) 02-714-4594(영업)
팩스 02-742-2353(편집) 02-713-4476(영업)
이메일 master@born-free.co.kr

출판기획 _ 문성기
북디자인 _ 글빛 · 이춘희
출판제작 _ GS 테크
영업관리 _ 박상율

정가 10,000원

ISBN 978-89-91909-15-1 03400